U0121830

宇宙的自我哲学

Das Universum und ich

◎[德] 西比勒·安代尔
◎何俊 译

·杭州·

图书在版编目（CIP）数据

宇宙的自我哲学 /（德）西比勒・安代尔(Sibylle Anderl)著；何俊译. —杭州：浙江大学出版社，2023. 10
ISBN 978-7-308-24326-1

Ⅰ. ①宇… Ⅱ. ①西… ②何… Ⅲ. ①天文学－普及读物 Ⅳ. ①P1-49

中国国家版本馆 CIP 数据核字（2023）第 201560 号

Title of the original German edition:
Author: Sibylle Anderl
Title: Das Universum und ich. Die Philosophie der Astrophysik

宇宙的自我哲学
[德]西比勒・安代尔 著 何 俊 译

责任编辑 谢 焕 董齐琪
责任校对 郑成业
封面设计 VIOLET
出版发行 浙江大学出版社
（杭州市天目山路 148 号 邮政编码 310007）
（网址：http://www.zjupress.com）
排　　版 浙江大千时代文化传媒有限公司
印　　刷 杭州钱江彩色印务有限公司
开　　本 880mm×1230mm 1/32
印　　张 8.25
字　　数 200 千
版 印 次 2023 年 11 月第 1 版 2023 年 11 月第 1 次印刷
书　　号 ISBN 978-7-308-24326-1
定　　价 58.00 元

目录

第六章 数据和现象

第七章 宇宙的分类

第八章 作为模型和事实的世界

第九章 电脑上的宇宙

第十章 宇宙实验室

第十一章 宏大的整体

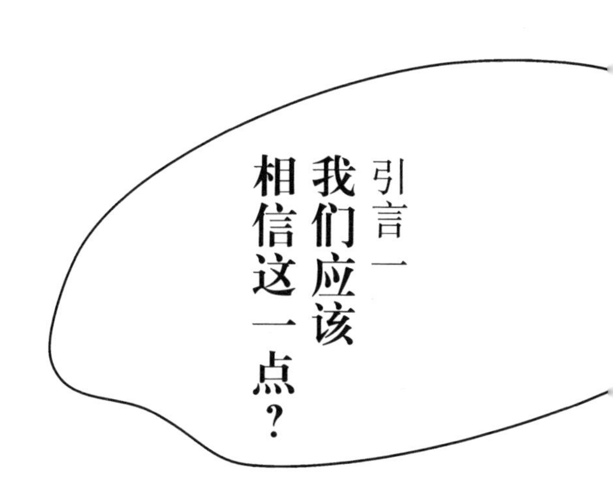

引言一 我们应该相信这一点？

是我父亲接的电话，这比较少见，因为一般情况下都是我母亲主动来做这件事。

“嘿，西比勒，现在我必须跟你直说。”

“嗨，爸爸。”

“我昨天看了科学类报纸，那上面说，发现了一个170亿个太阳质量的黑洞。170亿！难以置信！”

他拉长了调子，一字一顿地说着“难以置信”四个字，特地强调自己对这堆难以置信的巨大物质心怀多大的敬畏。但仅仅几秒钟后，他的强调就被打断了，因为我母亲在旁边叫道：

“胡说八道，我都无法想象有什么太阳质量。那也仅仅就是一些数字而已。”

我父亲一下子变得没好气起来，他说：“你也许无法想象！但是，西比勒，我的问题是：我们能信吗？我的意思是，如果有人发现了那么大质量的东西时，这样的说法有多高的可信度？因为我们没法飞过去，也没法称重。”

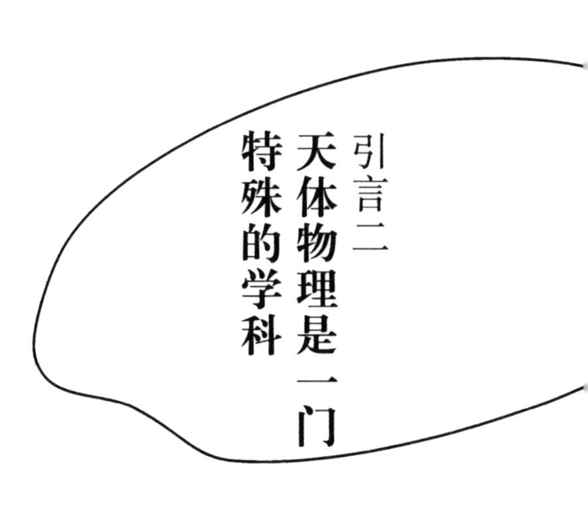

引言二 天体物理是一门特殊的学科

若是谈正事，去乌克马克可能是个好主意。乌克马克是柏林北部一个相对偏僻的地方，那里水域宽广，绿意盎然，静谧安宁，人烟稀少，没什么娱乐场所。但与此同时，如果在度假屋里待上几天，几乎就没什么机会避开人群了。正是由于以上这些原因，几年前的一个秋天，我跟一批学者一起，在利兴[①]附近留宿了几天。我们一行有十来个人，包括历史学者、社会学者、哲学者和天体物理学者，有教授、博士后、博士生和本硕学生。我们的共同点是希望理解天体物理学是如何运作的，并弄清楚科学家具体是怎样研究宇宙的。

---

① 利兴和乌克马克都是德国勃兰登堡州的市镇。——译者注

当然,这乍看上去是一个有点奇怪的目标,人们可能会认为,作为一名天体物理学者,你肯定很无聊才会因为这样一个问题去乌克马克。暂且撇开以上这点不论,实际上我们应该了解自身这个群体在做什么,而无须向历史学者、社会学者和哲学研究者取经。原则上也该如此。不过在特定情况下,尽管自我认知已经比较完善,但人们也会去看心理治疗师,或者做个医疗咨询,以便更好地了解自己,或是改变自己的行为。正如治疗医生所建议的,要立足自己的病历和家族病史,更好地理解自身的行为、思想和感情中的某些部分;我们天体物理学者则希望,由此多了解一点自己的行动和自我认知,让学术史专家也来探究一下我们这个领域的历史。

在社会学者那里,我们天体物理学者希望得到一些洞见——关于学术政策、现存等级制度和社会动态是如何影响我们作为天体物理学者对宇宙的发现的——尽管我们自然希望完全不受这些因素的影响。从哲学者那儿,毕竟我们希望得到如何获得天体物理知识等相关问题的答案:比如是否存在认知的界限,认知是否随着时间的推移而提高。我觉得这些哲学问题特别有意思,因为我以天体物理学者兼哲学研究者的双重身份参加了那场聚会,在一定程度上,是我给自己提出了这些问题。

当然,我们不想仅在两天内就把这些问题解释完毕,而是想借助更长的研究合作弄个水落石出。在乌克马克,我们只想定义一个共同的框架。而这一点总是比我们最初想象的要复杂一些。

例如，历史学者会说，只有就一定的历史背景而言，知识才是真实的。中世纪之人所相信的可能并不一定就比我们今天所认为的更不真切。这个论断在天体物理学者那儿可不讨好，在他们听来，好像是说“你们所做的都是错的”。这种打倒一片的说法不讨人喜欢，特别不受历史学者的待见。如果再加上社会学者关注谁穿哪件衣服，女士的讲话时间是不是跟男士的一样长，自然科学者的耐性很快就消耗光了。人文学者反过来又觉得自然科学者极度欠缺思考，而且妄自尊大。自己没有成为他人那样的人，这让每个人都暗自庆幸。如果各个学科的书呆子碰到一起，那场面也不总是容易对付的。

然而，乌克马克的和谐氛围首先不应被上述争吵打扰。在舒适的度假屋前方，屈斯特林湖的水在清冷的秋风中泛起涟漪，阳光洒在波光粼粼的湖面上；我们坐在暖意融融的房间里，暂时思考一下实际上想要澄清哪些天体物理问题。为了真正解答这些问题，我们需要资金，因此我们这次聚会更重要的部分在于策划如何把项目计划“出售”给潜在的资助者，比如说德国研究联合会。当然，只有提交有力论证，才能获批资助。而当时的我则认为，若能展示项目的独特性——描述天体物理研究是如何进行的，总会大大提高卖点：这一点扣人心弦而且举足轻重，为什么呢？因为天体物理有着诸多不一样的地方！毕竟研究者无论如何都不能跟研究对象交互，而这样的学科寥寥无几。宇宙太过浩渺，而我们天体物理学者感兴趣的一切，几乎都跟我们相距遥远。宇宙中的各种情况又太极端，以至于我们没法在地面上的实验室里模拟这些情况；而宇宙里各种过程得以演进的时间尺度，相对于我们短暂的生命来说，实在太过漫长。这一切可真令人着迷。但在我们这个跨学科团队里面，我是唯一一个对天体物理的特性怀有高度热情的人。

历史学者说:“不,我不同意。夸大其词地说天体物理跟其他学科完全不一样是危险的。天体物理也是物理,应用于宇宙领域。”

我回答:“但比方说吧,天体物理也是一门观测科学,这一点确实引人入胜。”

历史学者又说:“还存在很多其他的观测科学。比如在生物学领域,也经常需要观测。”

我又答道:“生物学可以做实验,但天体物理不能。”

社会学者说:“考古学也不能做实验啊。”

我回答道:“但宇宙里的情况比我们了解的一切都要极端得多。”

哲学者又说:“然而这只是一个量上的区别,而不是质上的。”

即使我使出浑身解数,也没人信服我的如下观点:原则上,比之其他一切学科,天体物理都来得不一样。虽然这一点对我来说一清二楚,但我没能说服任何人。我觉得不被别人理解,最后索性放弃。于是我跟其他学者暂时达成一致,认为虽然天体物理是一门有趣的学科,但原则上来说,我们的其他研究也同样如此,比如地质学,或者果蝇研究。在一个还有天体物理学者参与的团队里思考与天体物理相关的问题,这当然更有意义。但因为学术研究有时候是本着民主原则组织起来的，多数派胜出——如果少数派恰好又无法自证，那么情况更是如此。于是我们最后一致同意，必须重新给项目找个由头，而不再执拗于天体物理的独特性。于是在乌克马克的那几天就铭刻在了我的记忆之中。我永远记得，就在那几天，有几位社会学者、历史学者和哲学者，把我心目中天体物理的独特性给生生掠去了。

第一章 宇宙有多么真实

1. 一切都是空想出来的吗?

我在乌克马克经历的自恋伤害,此后还困扰了我一些时日。后来我认识了伊恩·哈金(Ian Hacking),一位加拿大哲学家,他生于1936年,曾写过一本相当知名的科学哲学入门书。这本书的最大亮点在于它是首批细致入微地探讨科学实验的著作之一。长期以来,哲学的做派让人觉得科学的首要问题是检验理论似的:凭空想出一个学术命题,然后验证它是否正确。具体是怎么做的,又该怎么做,对此进行细致研究曾是哲学的任务。这方面最广为人知的例子是卡尔·波普尔(Karl Popper)和他著名的证伪原则,以及他一再检验理论的要求,因为证明一个命题是伪命题,要比证明它是真的容易得多。比如我想证明所有的鱼都有鳃,即使我穷尽一生去抓有鳃的鱼,也无法获得最终证据。但只要我抓到哪怕是一条没有鳃的鱼,任务就完成了,因为我已经证实自己的假设是错误的。波普尔的要求符合假说演绎法:从一个与假设相矛盾的个案(无鳃的鱼)出发,推断出伪命题的错误性。在这一传统的哲学视域下,实验就只是一种辅助手段,有助于开发、检验和完善科学理论。

伊恩·哈金是20世纪80年代首批强调实验独立性的哲学家之

一。在哈金看来，实验有着自己特立独行的一面：科学实践绝不是按照既定程序开展的，即让人可以先提出理论，然后再用实验来验证理论是否正确。实验经常也“只是因为”实验人员的好奇心，因为想看看会发生什么。不少情况下，理论也是从实验中得出的，也就是说，在观测到一些意料之外、尚还无法解释的现象之后，才会产生理论。有时候还会出现这样的情况：理论家已经给出了一个解释，而实验者对它还一无所知。著名的宇宙背景辐射，即“宇宙婴儿照片”的发现，就是这种情况。实际上，两位射电天文学家阿诺·彭齐亚斯(Arno Penzias)和罗伯特·威尔逊(Robert Wilson)实际上正在测试用于与卫星通信的一种新型的、特别敏感的射电望远镜。他们探测到从四面八方均匀发射过来的微弱射线，当时先是以为检测出现了错误，甚至把鸽子都赶走了，以排除它们作为潜在信号源的可能性。最后的结果是，他们偶然发现了来自宇宙大爆炸的辐射，而几乎同时理论家也预测到了它。因为这一发现，彭齐亚斯和威尔逊甚至还获得了1978年的诺贝尔物理学奖，尽管他们检测时对自身用实验证实的理论一无所知。

伊恩·哈金是科学实验的忠实拥趸，坚决捍卫独立于理论、有着巨大价值的科学实验。他在书中甚至声称，只有通过实验才知道科学预测过的事物确实存在。他还认为，只有使用物品、与其相互作用的时候，才能确定它们是真实存在的。这一点我们从日常生活中就可以了解：比如说我的同事对我大谈他新买的沃尔沃，并给我看车的照片，但如果我恰好对此表示怀疑(因为我知道这个同事喜欢满嘴跑火车)，那么只有在摸到这辆车，甚至最好是试驾一番的情况下，我才会相信真有这么一辆家用车的存在。对待科学，伊恩·哈金也是这么看的。

这当然也意味着伊恩·哈金不是天体物理学的铁粉,因为要在宇宙中“试驾”一番很难,超出太阳系就是我们的极限。也没有人可以从近处观测一个超大质量的黑洞。我们永远无法用火箭来击中一颗“红巨星”,然后看看会发生什么。我们也永远无法站在一个“褐矮星”上面,努力尝试看看可以跳多高。

长话短说。在乌克马克聚会后的几个月,有一天我读到了伊恩·哈金在那本入门读物出版 6 年后写的一篇论文,在文中,他表达了天体物理是一门完全特殊的学科的观点(耶!)。到此为止,皆大欢喜。但细节决定成败:哈金认为天体物理与其他学科全然不同,是因为在他看来,我们不能径直断言天体物理学家所说的一切都是真实存在的,也许黑洞、椭圆星系、分子云、河外星系团、超新星完全不存在,可能这些都只是天体物理学家凭空臆想出来的,也许很快我们都会对此报以嘲笑。

这可太痛苦了。有人想与众不同,最后终于找到了一个跟他所见略同的人。结果后来才知道,原来这种与众不同就在于,自身并没有进行正确的科学研究。为了挽救我天体物理学者的名誉,除了更细致地探究哈金有关天体物理“反现实主义”的论述,别无他法。

2. 桌子是真实存在的吗?

恰恰就是现实主义,让我大学期间的哲学生涯夭折了。在第一堂哲学课上,老师坐到我们前面,指着他前方的桌子问道:“这张桌子真的存在吗?”接着,他意味深长地环顾了一下四周的学生。也就是因为这句话,那时我就已经意识到哲学并不适合我。毕竟,比起那些显然毫无意义的问题,确实存在更重要的东西可供思考。在迄今为止的生涯中,我用桌子用得好好的(通常一天要用好几次),对其存在属性却从来没有产生过什么疑问。有人显然跟桌子之间保持着更为复杂的关系,这自然很好,但我肯定不愿意成为这类人。因此,很快我就不去上哲学课了。

在后来的大学时光里,七弯八拐地,我又跟那些喜欢大谈家具及其存在的人扯上了联系,之后我无法避免更仔细地研究那些人的观点。显然,根本问题是这样的:如果不是全部,至少是我们所了解的这个世界的大部分,都是通过感官体验获得的。我们观看、触摸、嗅闻和品尝这个世界,但同时我们也知道,对这个世界的认识并非百分之百正确。我们随时都可能犯错,而且事实也确实如此。这还不算完,我们有时候甚至都不确定,所看、摸、嗅、尝的,是事物的特征,还是我们给这个世界打上了自己感知特征的烙印。举个例子,就说对颜色的感知吧,人跟各类动物之间是存在巨大差别的。我们看到了一个红色的球,那么这个球就真是红的?在此,显然存在一个基本障碍:连接我们和这个世界的,总是我们的感觉,而这些感觉是专属于人类的。如果没有某个人的观察,没有我的观察,我就无法不假思索地说出这个世界是什么样的。在我看来,我的感知是比较接近真实情况的。但我怎样才能确认这一点呢?假如我早个两百年出世,也许对这个世界的感知是完全不同的。假如我是一只蝙蝠,对这个世界的感知肯定是另外一码事。但这个世界到底是怎样真实存在的呢?

带着这样的思路,我们很快就可以进入类似电影《黑客帝国》里的场景,影片中的世界是一个电脑生成的虚拟空间,由邪恶的人工智能在人的大脑里生成。可能我们人类大脑都被植入了芯片,因为神经脉冲的作用,深信人工智能存在于现实世界中,并会有所表现。有谁知道呢?老实说,无人知晓。但果真如此的话,我年事已高的哲学老师对桌子是否存在的提问就是理所应当的了,到此是一清二楚的。但同时又必须指出的是:即使承认这一点,也不能推动人获得更多新的认识。

前些时候我到一个朋友那儿去喝茶,她住在柏林市中心一套漂亮的旧式公寓里。我们坐在房间里的一张老式长毛绒沙发上,在前方那张巨大而老旧的木头桌子上,杯子里的茶冒着热气;一只长毛猫咪躺在我的大腿上,它发出呼噜声,我抚顺它的毛发,它的毛发渐渐地覆盖了我和沙发。在这样舒适的氛围中,朋友突然说道,只要她移开目光,我背后的书架就荡然无存,对此她深信不疑。我这朋友是艺术家,所以不必为这样的陈述感到担忧,反正她只是想玩点大脑游戏。但假设真如她所说的那样,她岂不是永远都要活在对满架图书的恐惧之中?可能也不会如此,因为只要她一跟书架建立起视觉上的联系,一切就又都恢复原状。那么她那只猫呢?那可怜的动物不是要被那个一再消失而又现形的书架折磨得死去活来吗?或者说,当猫出现在房间里的时候,书架也随之出现?若是从隔壁房间那儿遥控拍照,那又会如何呢?照片上会显示一堵空墙,还是一个书架?其结果是,我们没有机会来证明以下情况:如果没有人朝那边望过去,我朋友的书架就不在那儿。那么接下来,我这样一个非艺术家身份的人就会说:“那又怎样呢?”在我个人看来,一个不需要不断重建自己的世界更有意义。这就是我能想到的对以下事实——当我移开目光,然后又朝那边望过去的时候,一切都跟之前一样——的最好解释。关于桌子和书架就讲这么多了。我想说的是,它们是我们看得见摸得着的。但是电子和夸克又当如何呢?

3. 不可见之物的存在

伊恩·哈金,我那位可疑的支持者,他也认为天体物理是一门特殊的学问,当他以哲学家身份研究现实主义这一问题的时候,关注的自然就不是日常生活中所用的家具了。他探讨的不如说是以下问题:本着解释世界的目的,人类对有些物体虽然已经做出了科学上的假设,但又无法直接感受,我们该怎样对待它们呢?真的存在光子、中微子、希格斯玻色子、四维时空或者暗物质吗？或者说，这些用于科学研究的天体无非只是我们发明出来的辅助工具，其目的无外乎是解释和预测那些可以直接感知的宏观现象？

之所以产生潜在怀疑，可能还有另外一个原因：在科学曾经描述过的现象里，随着时间的推移，有些现象确实被证明是不存在的。比如在17世纪末和18世纪，化学家认为应该存在一种可以在燃烧时从可燃性材料中分离的物质，并称其为“燃素”。今天已经知悉的是，燃素是不存在的。为了解释日常生活中的燃烧过程，需要理解氧气的作用。另一个知名的例子是以太。直到20世纪初，在阿尔伯特·爱因斯坦在其相对论中用四维时空取代以太之前，人类还相信它可以填充整个宇宙。还有些科学家认为，就连今天成为宇宙理论组成部分的暗能量和暗物质，其实也是根本不存在的。必须承认的是，对这些问题的判定，要比就桌子的存在达成一致意见更加困难。

然而，对科学中发现的个别现象表示怀疑的人，也不一定就是反现实主义者。比如我们完全可以认为，今天所持的有关暗能量和暗物质的论断是错的，这两个概念早晚都会被证明是错误的。如果我们是科学现实主义的拥趸，也会认为科学大体正在追寻这个世界的真实本质，即便偶尔出现的错误不可避免地导致人类走上这样或那样的弯路。反现实主义者可不会同意这一观点，因为对其典型成员来说，科学理论对不可感知的物体和过程的论断，纯粹是虚构之言。但即便是反现实主义者，也会承认这些“杜撰”可能大有用处，可以用来解释我们能够感知的东西，只是必须谨防根据这种实际的成功推断出科学理论的真实性。

但是,随着时间的推移,不可感知之物的界限也会发生变化,这一点也颇有意思。在100多年前,人类可能还有充足理由怀疑无法观测到的原子的存在(不少哲学家也坚持认为原子是不存在的)。到了今天,人类可以通过电子显微镜看见原子。通过这一方式,尽管还是没有“直接”感知原子(因为在可见图像和显微结构之间有一个复杂的、依赖理论的映射过程),但任何一个曾在电子显微镜里看到过光栅的人可能都会发现完全否认其存在是相当困难的。同样,要像100多年前那样怀疑其他星系的存在也几无可能,尤其是在使用类似哈勃太空望远镜这类强大观测工具的情况下,今天人类能够观测到的,是具有不同形态、处于不同演化阶段的众多星系。科学现实主义者看似已经获得了一些可以支持他们观点的证据。但即使在今天,对于不可感知事物的边界依然存在:我们只能通过大型强子对撞机(LHC[①])中质子和质子碰撞后的衰变产物来寻找希格斯粒子,但这一点就足以让我们相信希格斯粒子的存在吗?或者说粒子物理学家只是在自欺欺人?暗物质之所以得名如此,就是因为它不会参与电磁相互作用,我们看不见它。这些间接证据是否足够让我们相信,一定存在某种物质,它仅通过万有引力与宇宙中的其他天体保持关联?在此,居于少数的怀疑派与目前占大多数的乐天派分道扬镳。前者主张科学理论跟真实性无关,科学家无外乎是在追逐幻影;后者认为人类努力的方向是正确的,澄清理论结构的真实属性不过是一个时间问题。

哲学家伊恩·哈金是一位科学的现实主义者,至少在天体物理领

① 全称为Large Hadron Collider。大型强子对撞机是一座位于瑞士日内瓦近郊欧洲核子研究组织的对撞型粒子加速器,作为国际高能物理学研究之用。——译者注

域如此,据他自己所言,原因跟其个人经历有关。有位朋友曾向哈金讲述一个意在证明夸克存在的实验。为此,实验人员发射电子到铌球上。可以常规地发射电子,这一事实让哈金认为,怀疑电子的存在是荒唐的。“如果我们可以发射一种物质的话,这种物质就是真实存在的,”他这样说道。若把某个物体当作工具使用,也就是说,如果非常熟悉某物产生的原因和效能,可以有目的地为己所用,那么它就一定是存在的。原因再清楚不过:既然我曾把某物用作工具,这预设了我可以放心大胆地依赖我的相关认识。我清楚地知道它会有何反应,不会出现什么意外之事。这似乎也完全证明该物体正是以我所设想的形式存在。如果我能听广播的话,一定有电磁波存在。如果我可以打开等离子体电视机,那么肯定是有等离子存在。

4. 不要实验！

如果把“发射”一词看作实验操控的同义词，那么我们永远都无法“发射”矮恒星和黑洞。更糟糕的是，宇宙（都知道它的浩瀚）的绝大部分从来都会避免与我们产生任何可以想象的互动。我们可以发射宇宙探测器，等待它们最终离开太阳系，我们可以向宇宙发送信息，希望某人在某个时刻将它们解码。而相对论却让互动方式占领宇宙这一传播更广的希望显得几无可能。毕竟，光速限制了一个旅行速度的最大值。但即便是这个最大值，事实上也无法达到。因为根据相对论原理，天体飞得越快，它的质量也就越大。用于进一步加速的能量，随着速度越来越接近光速，会有越来越多的一部分转化为质量，而不是转变为更快的速度。这样，加速会变得越来越困难，需要越来越多的能量。

但即便可以用光速开启宇宙之旅也不会有太多收获。真能那样的话，我们大约一秒钟就可抵达月球，八分钟就可到达太阳。但哪怕是到达最近的恒星，也要耗费四年多。而抵达银河系中心，差不多要三万年。这就是说，假如克罗马努人不把时间花在描绘洞穴壁画上面，而是建造了一艘以光速飞行的宇宙飞船，那么他们的后代直到今天才能进入位于银河系中心的超大质量黑洞。要抵达下面的矮星系，即在南半球裸眼可见、像夜空中星云状斑点一样的大小麦哲伦星云，差不多要花20万年，也就是整个人类历史长河的时间。而要到达下一个螺旋星系——仙女座星座，则需要250万年，这真令人难以置信。即使这样，也只是抵达了离我们最近的宇宙邻居，并没有走得更远。

因此，我们必须勉强接受，我们被困在地球附近，并不能做太多事情主动探寻并操控宇宙。我们还得接受这一事实：我们能处理的信息，仅仅是宇宙从它那儿发送给我们的。谢天谢地，那些信息已经堆积如山。我们这些天体物理学者所用的主要信息源是电磁辐射。科学界过去利用的是可见光，而今天我们实际上可以利用整个光谱，从长波段的微波辐射到短波段的伽马射线，即便为此在被地球大气层阻碍的波长范围内必须使用卫星。此外，从宇宙发射过来的、速度极快的基本粒子和原子核，也就是所谓的宇宙射线，也会抵达地球。另外我们还会接收到中微子，但它们很难探测，因为它们与其他物质的相互作用非常弱。现在，我们终于发现引力波这一新的信息渠道，未来几十年里，这一发现将开创一个以实验为基础的天体物理新分支。

这些大量的信息载体却无法改变如下事实：我们无法利用绝大多数的宇宙现象来做实验，也就是说不能通过掌控和改变既有条件，观测发生了什么。对伊恩·哈金来说，这已是不相信天体物理学家的充足理由。

5. 宇宙的阴谋

天体物理学家想要了解的天体简直太过遥远了,所以没法进行严格意义上的实验,但这不是伊恩·哈金不信服天体物理的唯一因素。天体物理学的研究成果之所以不能说服他,是因为天体物理学家为了迎合他的口味,使用了一大堆模型和模拟,但这些稍后再详细说明。在他的文章中,他最为关注的一个论点可以用一句话来概括:“宇宙完全可以是另外一副模样,但没有人意识到这一点。”

这有点像阴谋论,它们的共同主题是:万物实际上跟众人所说的完全不一样。大家都认为我们曾登上了月球,而事实上,因为当时的技术并不成熟,登月视频是在一个秘密的摄影棚拍摄的。众人都以为,埃尔维斯·普雷斯利(“猫王”)过世了,而实际上他几十年来都幽居在一座南海岛屿上面。阴谋论之所以能成立,是因为对于某些明显的观察结果,至少有两个不同的故事可以解释这些观察结果,而这两个故事在一开始听起来都基本可信,至少在人们的认知范围内是这样的。伊恩·哈金因此为宇宙设计了一个类似的阴谋论:假如存在我们看不见的天体,它们却能系统地扭曲所有从宇宙那里出发抵达地球的光线,又会出现什么情况呢?我们假定,光线无障碍地抵达地球,从中我们可以了解到一些宇宙里的现象。但因为我们对路途上光的变化——一无所知，我们整个的“了解”就出现了错误。于是天体物理的大部分发现都是不对的，而我们全然不知。

对这一点的想象，可以借助电影《再见列宁》(*Good Bye Lenin*)。在影片中，一个原联邦德国家庭的儿子向病中的母亲隐瞒了东德解体的事实，希望她不要为此激动而加重病情。为了不让母亲了解到事实真相，他就必须相应地掌控母亲可以接触到的所有信息，让她觉得好像东德还继续存在一样。而这位母亲因为病情不能下床活动，所以儿子在一段时间内成功地保持了这个幻象。按照哈金的说法，在某种程度上，我们就处于那位常年卧床的母亲的位置(房子是我们的太阳系)，而那些让我们眼中的世界看起来与其本来面目迥然不同的骗术，将无助的我们牢牢攫住。

伊恩·哈金设计出这个颇有威胁性的场景，并非毫无根据。他在20世纪80年代末写自己的论文的时候，正值引力透镜研究产生之时。所谓引力透镜，就是根据广义相对论的原理，让空间发生弯曲，这样一来，使得光线通过引力透镜得以偏移和增强。引力透镜效应与光学透镜效应非常相似。在观测光源的时候，如果在观测者跟光源之间存在一个大质量天体，光线就会受到该天体的影响。通常我们可以看到这种情况，尤其是非常大质量的引力透镜，如星系。这时光辐射的方向就会在透镜的作用下发生变化，我们就可以看见那个发光的天体；如果天体正好置于透镜后面的话，我们经常或有时就会看到一个圆环。以上情形并不适合构建阴谋论：我们可以看到什么时候会出现引力透镜，并考虑其效应。

按照哈金的观点,那些对天文学认识产生潜在遏制作用的神秘天体,就是所谓的微透镜,亦即质量没有那么大的引力透镜,比如行星或者假定的“暗恒星”。微透镜效应非常弱,以至于无法看见光的偏转,但光的强度仍会受到透镜的影响。这里我们实际上面临着两个不同的场景,它们会给我们提供相同的观测效果:用具有加强功能的微透镜来观测光线微弱的天体,其效果跟不使用透镜去观测光线更强的天体完全一样。类比一下上文提到的电影场景:对病榻上的母亲而言,在她儿子的掌控行为下,生活在已经解体的东德里和生活在尚还存在的东德里是一模一样的,她没法将这两个场景区分开来。如果不能确定在我们与天体之间是否存在一面微透镜,也就没法区分是在观测强光的天体,还是在用不可见的透镜观测弱光的天体。所以说,我们再也不能相信天体光度的测量结果。这无疑是一场灾难,因为我们从光度中推断出了相当多的结论,比如说在光源中进行的物理和化学过程。那将会意味着,在某些情况下,宇宙发送给我们的大部分信息可能是受到操控的,至于这一操控发生在什么时候、又是怎么进行的,我们一无所知。可以说,我们成了宇宙范围内一场阴谋的受害者。而这场阴谋是我们无法发现的,因为我们被困在太阳系中,无法到现场核查,看看作为观测者的我们与天体之间一路上到底发生了什么。伊恩·哈金可能会得意扬扬地断言:如果你们天体物理学家能做实验,能直接核实在你们和光源之间发生了什么,那么这一切对你们来说都不曾发生。相对于能活动自如的人来说,卧病在床的人更容易欺骗。

6. 宇宙里的认识工具

谢天谢地，我们可以解除警报。一切安然无恙。如今，超过 25 年后，我们知道，不必担心微透镜会破坏我们的认知过程。关键点在于，可以清楚地识别它们了。在识别过程中，我们会利用微透镜和背景天体相对运动的事实。这就意味着，透镜的干扰性影响是一个与时间相关的现象：如果微透镜移动到背景光源的前方，光就会变得更亮，而一旦光源在透镜后面再次出现，光也就暗下来。目前已经研发出相关技术，可以毫无困难地描绘出这些光强的变化曲线。同时，引力透镜的研究领域还在继续扩展，由此我们就能在理论上更好地理解相应的光变曲线，并利用它们来获取有关光源和透镜的附加信息。我们可以看到的是，从日常生活中获得的认识，同样适用于科学：有些问题会随着时间的推进自行解决。科学继续发展，技术不断进步，25 年前我们认为没法回答的问题，突然之间不费吹灰之力就能解释，仅仅因为我们现在可以更好地了解和观测事物。

比如说，今天我们会利用微透镜效应寻找一般情况下看不见的物质，因为它们只有通过与背景光源发生作用才能显现出来。甚至是在寻找太阳系外行星，亦即围绕未知恒星旋转的行星之时，也可以使用微透镜。其原因是,当一颗包括行星在内的、作为微透镜的星星运行到天体前面的时候,太阳系外行星可以在观测到的光变曲线中得以现形。最近,科学家还借助微透镜效应,精准测量了一个“白矮星”的质量。今天,我们正是利用哈金的微透镜这一辅助工具来研究宇宙,这一点我们完全可以视为命运的捉弄。

好吧,应该承认的是,一直以来,我们无法像对电子那样来“发射”微透镜,而正因为电子可以发射,哈金就觉得电子是真实存在的。对电子和微透镜之间进行工具类比,显得有点夸张,但它们之间真的有区别吗?哈金特别强调的一个不同是,我们能很好地理解电子运动的原因和结果,这样就可以系统地投入使用,让电子来影响自然界的其他领域。即便我们无法真正主动地使用微透镜,也可以基于对它的理解,再加上它影响背景天体光线的相关认识,从而获得新的认识。而微透镜也不是我们用作“工具”来探索其他现象的唯一天体物理对象。比方说,我们会利用银河系中心恒星的运动,来测量银河系中心超大质量黑洞的质量;会把特定分子的辐射用作宇宙“温度计”(因为分子光谱的相对强度由温度决定);还会用光谱线来测量速度。尽管我们不能主动地影响所有这些现象,但理论理解已经足够充分,让我们完全有理由相信这些现象的存在及其效用。

现在可以做个小结,第一个结论大致如此:如果我们同意哈金的观点,认为电子是真实存在的,那可以断言行星、恒星和星际分子云也是如此。但接下来的第二个结论就是,天体物理和实验科学之间实际上根本不存在多大的区别?嗯,这个问题我们得仔细思考一下。这正好说明,伊恩·哈金已经成功地说服了我,让我放弃了天体物理学独特性的观点？乌克马克聚会上其他学科人员最终是对的吗？或者说，在主动的实验和被动的观测之间可能还是存在差别？毕竟有一点可以确定，那就是我们无法操控任何事物，不能主动将它们逐一检验，也没法开启和关闭。缺乏以上可能性，果真丝毫不影响天体物理学的认识过程吗？

ooo

我跟父亲的通话继续进行着。而我必须承认的是，他的怀疑并非毫无道理。

“对，你说的有理，很遗憾人类没法飞到太空里去，也不能称一称黑洞有多重，如果能的话，那自然再完美不过。”

“对啊，正是这样呢。”

“人类能做的唯一事情，就是观测那些已经被黑洞质量影响的天体。不过呢，这也就是我们走上体重计时所做的事儿。”

“是的，称重的时候，秤台的表面下沉得越厉害，指针的偏转幅度就会越大。我的体重值越高,就越把秤台往下压。”

“当然不存在通过指针偏转指示黑洞质量的秤,我们通常通过观测黑洞附近的恒星运转来确定黑洞质量。这是因为黑洞附近的物质都会被其强大的引力所吸引而围绕转动,运转轨道由中心黑洞的质量所决定。”

“由此人类真的就可以这么准确地判定质量?”

“原则上是这样。”

“但有时候秤台也会出错,例如显示的重量数值比我实际的要高。那么,如果我愿意,我可以换台试试,以此检查上一台是否准确。这样的事儿也有可能在测量黑洞时发生吗?那会儿要想换秤台可没那么容易。”

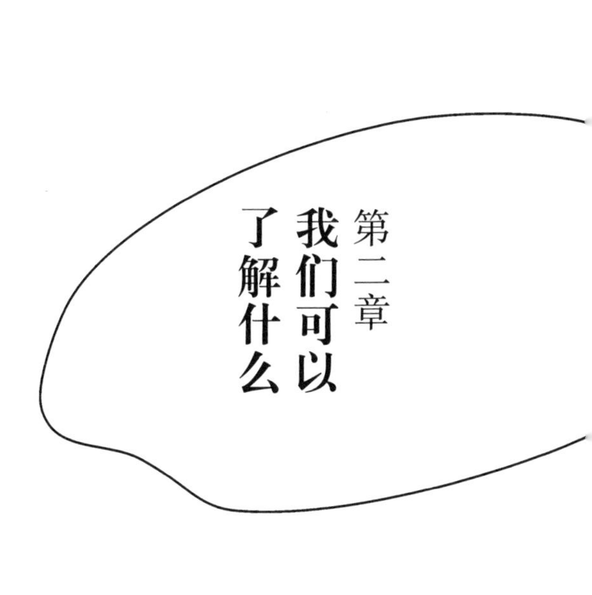

第二章 我们可以了解什么

1. 对最简单解释的褒奖

哈金的微透镜例子并没有成功证明以下观点:天体物理学存在一般的认知问题。我们的反驳宣告失败。同时,哈金也不是首位揭示科学界阴谋论的学者。问题在于:原则上说,要为相同的现存事实和数据想出多个解释,看起来总归是有可能的。这个问题存在于所有学科当中,不是天体物理独有。在极端情况下,学者甚至会想出两个不同的理论——这两个理论在所有可验证的预测中都是一致的;但它们仍然是不同的,因此永远无法确定哪一个是真实的。哲学家称之为“欠定性”:理论无法通过既有事实清楚地确立下来。

这样一来,我们又回到了前面提到的实际可能并不存在的桌子上面,同时也回到了之前提到的那个观点:谈到对世界的理解,我们置身相当险恶的处境之中。其原因在于:电影《黑客帝国》中的母体即模拟程序之所以能发生作用,正是因为我们面对的是针对同样事实的两个不同的、从经验上无法区分的解释。假定世界只是一个模拟程序,那么模拟者就会使出浑身解数,让困在模拟程序里的居民尽可能觉得,要发现周遭环境的真实属性困难重重。相应地,要回答世界是否确实仅由二进制数字组成这一问题,我们已经掌握的经验数据将起不到多大作用。

今天，确实有科学家致力于这一可能性的研究，试着探讨如何发现宇宙实际上只是一个巨大的电脑程序的问题。但是，仅仅为了能把现实世界和模拟世界区分开来，也必须假定模拟过程中出现过一些问题：比如说肯定存在数值上的假象，即模拟程序中的可见缺陷，或者出现数值分辨率不够高的情况，因为计算我们这个世界的电脑不具备无穷大的运算能力。如果模拟程序不曾帮助我们通过这样的问题暴露自己，我们该怎么办呢？假如我们今天的电脑跟生成这个世界的超级电脑毫无相似之处，又会发生什么情况呢？呵呵，那我们区分现实世界和模拟世界的机会就渺茫了。

如果我们这会儿才开始，为找出欠定性的相关例子而绞尽脑汁，那么离偏执狂也就不远了。始终认为所有事物全然不同，这也不一定有益身心健康。另一方面，有时候也确实存在像哈金所说的微透镜那样的情况，亦即在某个特定时间点，不同的科学理论看似无法从经验上区分开来。但人类在微透镜下如何观测这一问题迟早都不再会是问题，因为观测技术在不断发展，而理论理解也在发生变化，所以会出现一些检测，能把两个互相竞争的理论区别开来。

此外，科学中还存在另一种选择不同理论的策略(即便这些理论可以解释同样的数据:找到最好的解释，但如果有不同的解释，人们通常会选取能对现有数据做出最好解释的那个，也就是说，它的解释方式最简单，看起来也最具可能性。这一点我们在日常生活中也可以找到实例。比如我最好的朋友在脸书上发布了一张她站在墨西哥玛雅金字塔前面的照片，我看到后会认为她恰好在那里度假，而不会觉得那张照片是在一家摄影棚里的照片背景墙前面拍的，也不会想到照片上的人是我朋友的双胞胎姐妹，而后者与我素不相识，这会儿正在墨西哥。比起第一种可能性，后面两种简直小太多了。

相反的是，孩子往往对这类可能性推断没有正确的直觉。我父母总是讲起我小时候的事，说我当时看到妈妈的打字机掉落到了地上，就会辩解说，是邻居家快成年的姐姐到我家来了，她把打字机从桌子上推了下去。尽管回忆起来，我必须强调，既定经验数据并不会让人想到在两个理论之间做出抉择，但当时我爸妈立刻认为，打字机滑落这件事与邻居姐姐无关，我才是那个闯祸的人。

我们通常在采用这种推断最佳解释的策略时表现得很好。但从哲学上讲，那当然不是严密的。到底是谁告诉我们，这个世界的运行是尽可能简单化的，而有时候确实会发生很多几无可能发生的事情？这个时候，如果我们是科学家而非哲学家，这一身份就大有帮助了，因为我们就可以说“目前这并不重要”。因为至少在科学界,凭空想出行之有效的备选理论,这可绝非易事。一切还必须保持一致,并适应我们众多和各种各样的经验数据和测试。即使在原则上这是可能的,实际上我们今天所认为的一切都完全错误是不可能的。运用这种得出最佳解释的方法,也有可能引发严重问题,这一点我们还会在下文谈到。

2. 如果单纯只是没有连上电缆

欠定性的“普遍”形式,原则上在科学的任何领域都可能出现,不仅仅是天体物理学中。在所有的科学领域中,我们都可以构建产生相同实验结果的备选理论。那么,是什么原因使得哈金认为,这个问题在天体物理中表现得尤为突出呢?只要哈金没糊涂,那么可以肯定的是,天体物理作为纯粹观测科学的特征仍会发生作用。对于欠定性的“普遍”形式而言,相对来说却没多大所谓:如果两个理论在所有可能的观测中都是等价的,那么通过何种路径获取观测数据,都是无所谓的。顾名思义,这两个理论总是无法区分的,无论你收集了哪些数据。

但就欠定性而言,也存在一种较为隐性的形式,更紧贴日常生活问题。假定我要验证这样一个假设的真实性:如果我每天早餐都吃无糖燕麦片,就可以减肥,一个月后,结果我还胖了三公斤;于是我可以推断，这种燕麦片没法帮我减肥。但接着我的同事提醒我，我上个月上班时跟平时不一样，吃了太多巧克力，而这也许才是我长胖的原因。她的话听起来颇有道理。于是我应当再做一次检验，在检验期间不怎么吃巧克力，这样就可以更好地评估吃燕麦片对我体重的影响。

上述例子中体现的一般性问题是：如果我检验一个假设，那么影响检验结果的就不光是假设本身，还有其他一系列因素。实际上，我必须单独检测所有这些因素。一个知名的科学例子是OPERA[①]实验，它于2011年在意大利进行，据称测量显示中微子的运行速度要超过光速。测量数据看起来清楚地展示了结论，实验团队考虑并检验了一切可能的备选解释，最后决定将结果公之于众，这是科学界的一桩轰动事件。不久以后发现，以上结果还有另外一个解释，而且原因是一条电缆没有连上。电缆问题引发的结果是，实验里中微子抵达时间的全球定位系统无法正常工作(另外，官方并未发布有条电缆没连上的新闻，这一消息据说来自内部渠道。在相关的欧洲核子研究中心[CERN[②]]发布的新闻报道中，仅仅提及了一些问题，这些问题将反驳以前的结果)。

在公布中微子的运行速度超过光速之时，科学家认定所有的光缆是正确连接在一起的。当然，这只是为数众多的前提条件中的一个暗含条件。比方说，科学家同时也期望，加速器里中微子运行过的路程在实验期间不会突然变化，中微子不会突然消失，然后在其他地方再次出

① OPERA(英文:Oscillation Project with Emulsion-tRacking Apparatus)是一项旨在检测中微子振荡现象的实验。——译者注

② 一个位于瑞士日内瓦的国际性研究机构，成立于1954年。主要任务是进行基础物理研究，特别是研究微观世界的基本组成和相互作用。——编者注

现,或者说没有邪恶的灵怪操控实验装置。后面的几个前提条件已经得以证实,而光缆正确相连这一前提却没有得到证明。这种“欠定性”的形式由皮埃尔·迪昂(Pierre Duhem)和威拉德·冯·奥曼·蒯因(Willard van Orman Quine)描述如下:要检验一个假设,那么同时也要检验所有默认的前提条件;如果检验结果是否定的,要么是假设不对,要么有一个前提条件错误。但到底哪一种情况才是事实,可不是那么容易断定的。医学上也出现过这样的问题:其结果为假阳性的检测,看起来是确认了事实的虚假状况;而其结果为假阴性的检测,看似又反驳了实际上的真实情况。在两种情况下,检验都受到了计划范围之外的其他因素的影响。我们在做实验的时候,对如何处理这一不确定性是相对清楚的,因为可以单独检验可能出现的干扰因素。

当然,单独检测可能性干扰因素这一点在宣布开创性科学发现的时候特别重要。比如 2016 年激光干涉引力波天文台(LIGO[①])联合组织公布首次发现的引力波时,情况就是如此。当时有新闻记者询问这一发现到底有多么靠谱,或者说是不是有可能出现误报的情况,对此天文台官方强调,在实际操作中,实验的所有环境变量都是单独记录和观测的。引力波是借助干涉仪来测量的,也就是说,激光束被一分为二,两道局部射束在呈直角状的轴线上传播,直到它们被镜子反射回来并再次叠加在一起。通过两道局部射束相互作用就可以测量出局部射束走过的路程长度的微小变化。引力波可以引起这样的距离变化,而这一变化也可能因为其他影响而产生。

---

① Laser Interferometer Gravitational-Wave Observatory。一种借助激光干涉仪聆听来自宇宙深处引力波的大型研究仪器。——编者注

早在2004年,在LIGO组织进行的其中一场实验中,就已经出现了潜在的引力波信号。然而,在分析已经获取的影像记录之后,真相大白了:在探测的那一瞬间,有一架正在进行低空飞行的飞机从实验场地上方飞过,由此制造了臆想中的引力波信号。不管实验时如何密切关注可能会出现的干扰,不管监控了多少环境变量,干扰总是不可避免的,即总会出现意料之外或没有监控到的干扰影响,正如观测高速运行的中微子时所看到的一样。但在实验中,一般情况下都会尽量排除假阳性或假阴性结果。

3. 知道宇宙是怎么回事

那么,天体物理内部又是什么情况呢?在这个领域中,检验干扰影响更为困难。我们无法开启或关闭某些东西,看看结果是否因此发生变化。对环境变量的监控也是一件棘手的事情:很多可能对我们所见有着潜在重要性的因素,都不能得到简单而明确的测量。总的来说,天体物理学家必须尽力克服的障碍,多到可以开出一长串清单。

清单上的头号障碍就是前面已经讨论过的问题,即我们无法影响宇宙,我们被困在太阳系里,因此不能有选择地关闭影响。我们要时时刻刻地面对宇宙的错综复杂,而不能遮蔽产星区里的磁场。即使把婴儿恒星周围环境的温度升高100摄氏度，我们也没法观测到会发生什么，尽管有时候这确实是我们的心愿。另外，我们也无法简单地在实验室里模拟宇宙现象，因为在多数情况下，宇宙里的条件比地球上所能创造出来的一切都要极端得多。举个例子，就算是最好的真空条件，也比大部分星际介质还要严密。我们无法人为模拟强重力的影响，迄今为止也无法模拟像太阳内部那样的温度，以及充斥其间的高密度。当然，我们可以在实验室里研究部分过程。我们能模拟星际尘埃、测量化学特征，还能确定一些特定气体的光谱线和量子力学特征。从这个意义上说，我们可以在实验室设计分析工具，再将其用于宇宙研究。但对大部分宇宙研究对象来说，要将它们置于地球上的实验室里，都是困难重重乃至毫无可能的。

另一问题在于，我们只能通过投射看到整个宇宙。这有点像我们坐在电影院里，许多电影以极端的慢镜头同时投射到银幕之上。我们必须找出哪些画面属于同一部电影，并试着复现不同的情节。在天体物理学领域，情况看起来是这样的：如果我们朝着某一个方向仰望太空，看到的就是这个方向存在的一切，但并非总能轻松地判断所见到的是什么，它们又与我们隔着多远的距离。实际上，宇宙中距离的确定，正是天文学最复杂的问题之一。如果是近距离天体，还能借助三角视差法，利用地球绕着太阳公转而产生该天体在太空里的运行轨道，进而确定其距离。但天体离得越远，这个效果就越不明显。

如果我们交替着闭合右眼和左眼，看看近处物体的位置如何变成相对遥远的背景，就容易理解三角视差法的原理。然而，事实上我们也只有在特别近的物体上才能看到这一变化，因为我们的双眼生得如此之近。而左右眼间距在天文学上的对应，就是地球每年绕着太阳公转时的轨道半径。当我们在这个轨道上聚焦银河系中一颗近距离恒星的时候，因为地球自转，那颗恒星看起来就好像是在相距遥远的恒星群所在的太空区域进行椭圆形式的运转。恒星离得越近，椭圆就越大。在这种方式下，我们就能直接确定离得近的恒星的距离，而无须再做另外的物理推测。用这种方法可以确定的最远距离是多少，取决于对恒星位置的测量有多准确。从地球出发后，大气会抹除距离地球约 100 秒差距之外的恒星所产生的视差效果，也就是说，超过 2000 万个天文单位(地球与太阳之间的平均距离)外的恒星，就无法用这种方法测量距离了。这乍听起来像是一个相当大的区域，但它最大的间距仅仅略大于地球与银河系中心间距的百分之一。要想更准确地确定恒星的位置，由此确定更远的天体距离，可以借助人造卫星。2013 年发射的“盖亚”卫星测定了整个银河系恒星家族中百分之一的成员的距离，也就是说差不多涉及十亿颗恒星。确定更为遥远的天体的距离，还有各种不同的方法，比如说可以观测那些已知其光度的天体，以便我们可以比较尚未到达地球的射线与原初射线。放到地球上来说的话，就好比是我们把路灯的总体亮度当作衡量标准，然后看看分别还会有多少光亮到达自身所处位置，进而确定自身与路灯的间距。然而，距离越大，方法的使用就越困难，结果也就越不准确。对我们的所见进行 3D 重构，这是一个非常巨大的挑战。这一点我们仅从以下情况就可窥见：就银河系结构来说，总是时不时呈现出令人叹为观止的情景，而我们作为银河系里的居民，因为受限只能从旁侧看到那些奇观；于是在我们眼中，整个螺旋盘就只是一条狭长的带子，在太空上方延展。

另外一个因素是，我们人类的寿命太短了，可以说就是宇宙中朝生暮死的蜉蝣。大部分宇宙的时间维度都是以千年、百万年乃至十亿年计的。我们能看到的仅是宇宙短短的一瞬，必须把见到的一切扩充成为互相关联的过程。曾获得诺贝尔物理学奖的约翰·马瑟(John Mather)首次测量了宇宙背景辐射的形状，并用生动的类比描述了这一情境。试想，我们被当作外星人投影到足球场内，现在只要从观察现场的观众出发，就可以推断出一个人的典型人生路径。我们会看到老老少少，必须判定哪些人分别代表青年和老年。我们可能会辨别男女的不同，必须确定人是否存在不同的类属，或者说确定男人能否变成女人(反之亦然)。我们会面临这样的问题：比如超级大胖子或特别瘦的人是不是特殊人种？他们的体型大相径庭是否因为饮食结构不一样？等等。对我们而言，天体物理学从根本上来说也是这样的，只不过足球场里的观众是处于不同演化阶段的分子云、恒星和星系。

无论如何，我们还是掌握了一个优势：因为光速是有限的，我们可以回溯过去。我们所能观测到的最古老的辐射，即宇宙背景辐射，来自宇宙大爆炸的38万年之后，那时宇宙刚刚冷却，电磁辐射可以自由传播，而不再被自由的、带电的基本粒子散射。从那时起，我们就能看到宇宙历史上的不同阶段，具体时期则取决于我们看到的距离有多远。这就是说，我们实际上仍能观测到最初形成的那批星系，并看到星系的形状一直以来的变化过程。我们看见宇宙在其演化史上每个时间点的横截面，然后“仅仅”需要将这些信息拼接起来而已。

不过，与此相连的还有一个问题，那就是距离最远，从而处在最为遥远的过去的现象，我们是看得最不真切的。在银河系里，我们还能从细节上观测和探究单个的物理和化学过程，比如单颗恒星的形成及其最近环境的化学组成变化;但由于我们的望远镜空间分辨率有限,我们在附近的星系中,只能看到较大区域的平均特征。对间距遥远的星系来说,我们经常只能推断出整个星系的一般特征。

那时在乌克马克的我,心生一念要将天体物理和实验科学区分开来,以上那些特殊的挑战我当时都想到了。哈金计划把天体物理描述为理论欠定性的特殊牺牲品,当时他可能也看到了一连串的弊端,即便他的微透镜最后并未成功。为了追溯宇宙秘密的蛛丝马迹,天体物理学家会采取什么样的具体行动呢?我们怎样才能确定事事毫无差错呢?怎么可以排除干扰影响的作用,而又不介入并记录下环境变量呢?如果人类只是被动的旁观者,又如何解释宇宙呢?

ooo

我追问父亲:"你说过,你的秤可能不准。但秤出错又是啥意思呢?"

"比方说,刻度不准了,也就是说,不能正确反映重量和指针摆幅之间的关系。相比我体重的实际情况,指针摆动幅度更大了一些。"

“好的,放到黑洞上说,就是我们过高或过低估计了黑洞对恒星的影响,这也许是因为我们没有正确理解交互作用的过程。我现在人在法国,这会儿发现我的秤又出了另外一个问题。”

“啊,什么问题?”

“我觉得秤的读数不准,因为我住的房子太老了,里面没有任何一块平坦的地方,地板到处凹凸不平。”

“那你做了什么呢?”

“啥都没干。我觉得,就我需要的准确度而言是没问题的。但对黑洞而言,高低不平的地面会对恒星的运行产生影响,是什么影响我们还不了解,反正跟黑洞毫无关联。”

“现在回到我的问题上来:那么天体物理学家要做什么呢?”

“如果秤不准,也就是说对质量的估计出了问题的话,我们就会感觉在哪个地方陷入矛盾之中。就好像是这样:如果黑洞真有那么重的话,它应该也可以用特定方式弯折自身周围的空间,让来自黑洞后面区域的光线发生偏离。同时黑洞也可以吸引并最后吞噬气体和物质,而当物质在黑洞中就像在出水口打旋的时候,该物质也会逐渐发热,并开始放光。如果我们尝试着在模型中重现这种辐射,就会发现,为此需要一个更重或更轻一些的黑洞。而这就是所谓的用其他秤进行的试验称重。”

“好,那我们就有了两台秤和两个结果。现在问题来了,哪一个是准确的呢?”

“原则上说,有两个可能的策略。一是试着更好地了解相关过程。也许只是因为计算时某个地方出了差错,或者说忘记了另一个影响测量方法的重要干扰因素。二是再找一些秤,也就是寻找可以对质量做出说明的其他独立效果。”

“那是不是还有另外一种可能,就是银河系中心压根没有什么黑洞,存在的是天体物理学家搞错了的其他物质?”

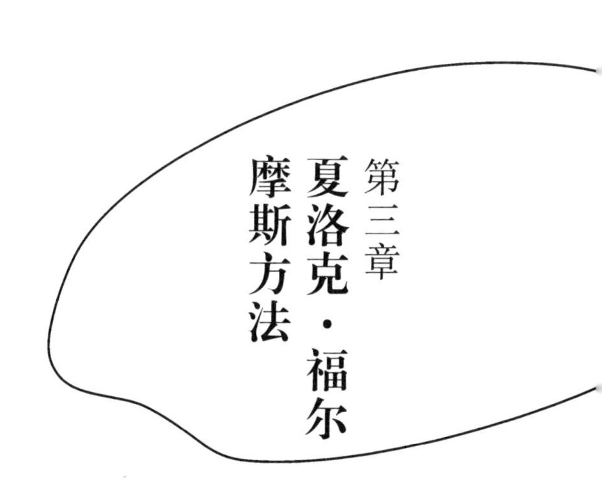

第三章 夏洛克·福尔摩斯方法

观察与实验对垒，被动思考的观望与反复尝试的主动介入比拼，天体物理学家的局限性实际上有多么糟糕？我无须寻找太久，就可以看到另外一篇讨论这个问题的哲学文章。早在2002年，美国哲学教授卡罗尔·E.克莱兰(Carol. E. Cleland)正好详细探讨过这一问题，即观察科学跟实验科学在方法和研究结果的质量上有何不同。伊恩·哈金的论点足以引发天体物理学的身份危机，而克莱兰的文章则是对此恰到好处的解答。文章的前言部分是一份纲领性的宣言，意在驳斥观察研究的认识理论价值比实验研究的要低这一说法。克莱兰的论断听起来倒像是个正确的观点，跟我曾经寻找的论点一模一样：是的，天体物理学就是一门特殊的学科。不过，尽管有其特殊性，它却不会自动就比其他学科低一等。

克莱兰的论证相对来说较为简单。一方面,她说观察科学所采用的方法跟实验科学的实际上是不同的,照她看来,存在两种不同的学术论证方式,一种主要为观察者采用,另一种则由实验者使用。另一方面,观察者完全有良机发现世界上到底发生了什么。为了明白发生了什么情况,人类就必须开展更为精确的研究,以了解实验者和观察者各自置身于什么样的情境之中。

1. 实验与观察

做实验时,常常要从一个假设开始。比方说,假设可以是这样一个命题:研究天体物理的人对哲学不感兴趣。为了检验这一假设,我们可以想出一个最简单的实验:派一名哲学系女生走进物理系的食堂,让她在那儿跟天体物理专业人士谈论康德。如果天体物理专业的学生在五分钟内就试着转换话题,或者离开餐桌,那就证实了这个命题。假设在检验过程中,刚刚过了几分钟,参与谈话的前五名天体物理专业学生真的就从研究康德的哲学系女生面前逃离了,这就意味着我们的命题得到了证实吗?不一定,因为也许那五名学生是超级哲学迷,而我们在挑选哲学系女生时只是不走运而已,因为我们选到了一个穷极无聊的对话伙伴。为了保险起见,我们应该换个哲学系学生,再做一次实验。可能检测结果只是显示,那些参与实验的天体物理专业的学生不是康德的粉丝罢了。为了排除这一可能性,就该把话题改为维特根斯坦,把实验重复一次。虽说这样做工作量有点大,但至少我们能够充分利用我们的实验自由度,并将可能的干扰因素逐一进行测试,因为这些因素可能会对假设造成测试上的偏误。

在对应的场景中,置身局外的被动观察者看到的情形却是这样的:两人短暂地一起进餐,然后其中一个起身离开。这对观察者提出了一个问题:发生了什么?因为他本人跟这个情形没有关系(他没有雇用任何测试对象并人为地创造了这个情况),他必须首先收集尽可能多的信息。我们尽量把实验弄得简单一些:对话伙伴中的一个人穿着一件T恤,上面印着“天体物理学会议”的字样;另一个人,即那个哲学系女生,她的自助餐托盘里放了一本《纯粹理性批判》。后来她来到一名天体物理专业男生的餐桌旁,开始跟他滔滔不绝地讲话。过了一会儿,男生就离开了。原因可能是什么呢?也许是他内急,要上洗手间;也许是那个女生有口臭;或者是《纯粹理性批判》让他想起了不久前过世的爷爷或外公,老人家生前总是把那本书摆放在床头柜上,而男生一时激动无法忍受看见那本书。一旦被动的观察者想出了能够解释所见情景的可能情况,下一个问题就随之而来,即怎样找到另外的线索,以确定哪种情况才是吻合的。男生真的去了洗手间吗?有口臭的哲学系女生开口讲话的时候,其他人也会退避吗?男生离开时,滴落在印有“天体物理学会议”字样的T恤上的,到底是一滴眼泪,还是一颗汗珠?

对比一下实验者和观察者,就可以得出这样一个结论:如果他们想找出隐藏在食堂一幕背后的真相,那么各自都需要解决一个问题。不过,双方面临的问题各不相同。实验者的问题是,除了他本来想检验的因素,总有其他因素可能对实验结果起到决定性影响。这一点,我们从上一章的相关欠定问题也可以看出。再举一下比光速还快的中微子的例子:我们原以为那是中微子,事实上却只是松动的电缆。相反,观察者的问题是,他只能对他所能发现的情形进行分析。他必须立足于现存的线索,构建一个可信的故事,来解释为什么这些线索会如此。

乍看上去,要说找出实际发生什么情况方面,观察者置身的处境似乎比实验者糟糕得多。毕竟,实验者是自己设计了实验情景,还可以进一步掌控和介入实验过程。表明自己的立场是挽救观察者名誉的克莱兰,却在文章中声称,实验者的这一优势只是表面上的。

如果看过福尔摩斯的影片,就能理解克莱兰思路的核心,因为接下来就能明白:只要观察者的天分够高,能正确解读呈现在他眼前的各种线索,这样的情况下如果还不能发现真相的话,那可真是活见鬼了。尤其是在复杂的情境中,就像我们在实验室外的世界中所发现的,每桩事件都会生成大量有代表性的特征印迹,这就导致隐瞒一件事常常比发现它更加困难。克莱兰称之为“因为结果而产生的对原因的过度决定”(overdetermination of effects by causes)。让球射穿一面玻璃,这是比较容易的。相比之下,在这之后要让一切恢复原状,让看起来就好像什么也没发生过一样,这就难了。在某个地方,一块玻璃碎片可能总会被忽视。有时候,正是这块玻璃碎片就足以澄清事情经过。所以说,观察者的认识情形绝不是如此无望,它只是跟实验者的不一样而已。这里涉及的,与其说是积极排除错误的肯定或错误的否定结果,不如说是按照福尔摩斯断案方法进行的印迹寻找。

2. 因为职业关系“后知后觉”

考古学家、历史学家、进化生物学家跟警探有什么共同点？由于职业关系，他们都会后知后觉。他们试着理解的东西，都属于过去时。他们只有找到印迹和证据才能从中推断出发生了什么。遗憾的是，与某些刑事案件不同的是，在考古学和进化生物学里不存在所谓自供的案犯，在案发现场结束后的十分钟内还能高度准确地讲述事件原委。除此之外，以上职业都是类似的。

就好像上述食堂实验中的观察者一样，警探被召至案发现场以后，就开始收集各种证据，并开始寻找一个故事，通过它来构建所有证据的有机逻辑关联。一旦他找到了这样一个故事，就必须检验一下其发生的可能性：如果事情是这样的，另外还必须找到哪些证据？哪些可能性的附加信息可能会从另一方面驳斥该假设？通常情况下，会有多个不同的可能性发生过程。于是，警探就必须寻找能够帮助区分不同作案可能性的证据。正如克莱兰所描述的，一个有积极性的警探可以假定的是，不存在所谓“完美的”犯罪行为。反正以这样或那样的方式，案犯都会露出马脚；要找到并解密证据，就看他们的智识了。

大多数情况下，估计警探宁愿跟人打交道，维护法律和秩序。如果他们不那么喜欢与人交往，说不定就去当考古学家了，反正他们要转到那一行的话，原来的工作方式也无须改变太多。如果警探当了考古学家，那比方说就可以帮忙解释恐龙灭绝的来龙去脉。克莱兰在她2002年的文章里就引用了这个经典例子，目的是生动地描述观察科学所采用的方法。

有关恐龙的灭绝，存在不同的假说。可能是瘟疫的肆虐让恐龙彻底消失，或者是一场突然而至的气候变化摧毁了恐龙需要的生存条件；也可能是一座超级火山的爆发让地球多年一片漆黑，并冻死了恐龙，又或者是一颗小行星被击中，导致恐龙全部绝迹。

然而，也存在一系列不同的证据。基于化石出土物，有人认为恐龙灭绝应该是骤然而至的，而且一起绝迹的还有很多其他的动植物种类。1980年，后来获得诺贝尔物理学奖的路易斯·沃尔特·阿尔瓦雷茨(Luis Walter Alvarez)跟他的儿子以及另外两位化学家一起，公布了他们的发现成果：在全世界范围内，恐龙灭绝之时形成的岩石层的铱密度比地壳中其他岩石层要高30倍。这一稀有元素通常存在于陨石和小行星中。在相应的岩石层，也找到了熔化的石英，此外石英在陨石坑或原子弹造成的撞击坑中也能找到。看上去这些证据证实了小行星假说。鉴于找到了大量的铱，甚至可以猜测，相应的撞击天体肯定有着10千米长的直径。如果这一假说属实，那么某个地方肯定存在一个差不多大的陨石坑。在1970年到1991年间，足足20年，这样一个坑洞的缺失一直被人当作反驳撞击假说的证据，直到在墨西哥尤卡坦半岛上的希克苏鲁伯发现了一个陨石坑[①]。当时这个坑洞被沉积物覆盖在地表之下，坑洞的直径长达180千米，其历史足有6500万年之久，而这正好符合科学家建立在以下基础之上的预期：在巨大的宇宙撞击之后，残留下来的是铱层和熔化的石英。

小行星假说可以让我们借用一个有着内在关联和因果关系的故事，来解释诸多不同的实际情况。比之与它竞争的假说，小行星假说明显脱颖而出。比如说，跟以往一样，现在还有人大力支持火山现象假说——除了改变大气组成、引起气候变化，该假说还预示了类似小行星撞击的后果，但这一假说无法解释那时候形成的岩石层中的高密度铱是如何产生的。就上文提及的恐龙灭绝现象而言，若论"无罪证明"，火山差不多可以说确实不在现场。但谁也无法预料，毕竟考古学家搜寻痕迹的漫漫长路还未终结呢。也许这里涉及多重原因，也许什么时候又会出现新的证据，最终否决某个假说。克莱兰把这些证据称为"实锤"，即决定性的证明手段。发现这些铁证，不管是对警探还是考古学家来说，都对找出所发生的实际情况起着决定作用。

天体物理学家也有兴趣解释已经发生的过程和事件。通常情况下，我们观察到了宇宙里的某个天体或现象，然后自问：我们所能看到的一切，是怎么发生的呢？这个天体或现象有着什么样的宇宙故事？我们看到的现象和过程曾经受到什么影响？我们观察到的那颗恒星有多少年的历史？哪个过程引发了超新星探索？我们的太阳系又是如何

① 希克苏鲁伯陨石坑：陨石坑的名称取自陨石坑中心附近的城市希克苏鲁伯。希克苏鲁伯在玛雅语里意为"恶魔的尾巴"。——编者注

形成的？从这个意义上说，克莱兰描述的方法用到天体物理学上，也再恰当不过。

3. 雪线之谜

正如考古学、古生物学和地质学一样，天体物理也被人归为观察或者“跟历史打交道的”科学：它研究的是过去事件的事实情况，而我们无法直接进行实验。如果试着为所观察到的给出一个解释，天体物理学家只能利用他们几乎全靠自身力量获得的证据，即运用福尔摩斯推断方法。

我当前正在处理的一桩“刑事案件”，是探究婴儿恒星的形成，它们后来将会演化成类似太阳的恒星。准确地说，我研究的恒星还处于胚胎的演化状态。这些恒星形成于致密分子云中，而分子云到了每个地方都会坍缩，由此构成后来恒星的质量。因为年轻的恒星尚未获得最终质量，内部压力和温度尚不足以启动核聚变，将其转化为一颗真正的恒星。尽管如此，恒星胚胎的温度仍然比其周围环境的温度明显更高：陨落物质的引力势能转化成了热能，由此让恒星胚胎的温度升高(这跟小行星撞击时让坑洞物质熔化有着相同的机制)。比方说，年轻恒星周围的温度分布可以借助所观察到的尘埃辐射测量得到，而尘埃又能在恒星辐射的作用下升温。如果我们立足于尘埃已知的物理和化学特征模拟尘埃辐射的话,就可以推断出恒星胚胎周围的气体云里面的温度,在特定假设的情况下,也可以推断出其中的密度。

我们观察这些恒星胚胎,因为希望从中了解我们自己的太阳是如何形成的。我们对年轻恒星周围环境的化学构成尤其感兴趣,是因为这在以后将会决定,在将要形成的行星碎片中,存在哪些对生命的潜在形成起作用的化学成分。为了理解这些化学成分,我跟同事一起行动,借助一套效能极高的望远镜阵列观察了一批年轻恒星。我们把这套望远镜阵列连接在一起,这比用一台望远镜来观察效果好得多。借助这台所谓的干涉仪望远镜,可以接收从粒子发射到恒星胚胎外壳中的光线。于是我们可以重构得出,在年轻恒星的周围还有哪些粒子存在。

具体来说,在研究项目中,我们想借用所观测的原恒星系统中的"雪线",以求有所发现。原恒星嵌入其中的分子云由气体和尘埃组成。分子云的密度非常高,其温度又非常低,以至于实际上一切重元素都会以冰的形式凝结于分子云中存在的尘埃之上。由此一来,冰冷的分子云中的气体几乎仅由不凝结成冰的分子氢构成。处于冰冷分子云中的原恒星却是一个热源,它在附近破坏了冰冷的尘埃表面,将此前在那里捕捉到的分子再一次转化为气态。每个分子有着特殊温度,对应其从冰转化为气态。从几何上来说,这意味着对每个分子而言,在原恒星周围都存在一个特定的半径,而半径周边的温度又低到足以结冰:分子在半径之内呈现为气态,在半径之外则冷凝成冰。这一半径就被称为"雪线"。

原则上说，以上所述就跟把一台通体散热的热辐射器放置到雪地上的情形大同小异。过不了一会儿，热辐射器周围就会形成一片环状区域，区域里面的雪已经消融。雪与绿草地之间的界线，就是这里的“雪线”。“雪线”之所以重要，是因为它们标志着可能形成行星的气体中不同化学区域的边界。在我们自己的太阳系中，比方说我们会认为，当行星形成之时，水雪线会穿过当前的小行星带。因此，地球会在水仅以气态存在的区域里面形成。对我们的家园行星即地球来说，这意味着它是在“干涸”的状态下形成的：在地球由尘埃结成一团的物质中，曾经是没有水存在的。今天存在于地球上的所有的水，肯定都是从太阳系外围区域通过小行星和陨石带过来的。

在我们的研究项目里，并没有观察到水雪线，而是看到了星际介质中最频繁出现的含碳分子——一氧化碳的雪线。对复杂的化学成分来说，碳是个重要的组成部分，对于与生命起源相关的化学成分来说尤为重要。事实上，据我们观察所见，我们用望远镜聚焦的原恒星被圆形区域包围在内，而在这些区域内，一氧化碳处于气体阶段。然后，我们将这些区域的大小与同事们基于尘埃辐射测量到的温度分布进行对比。其结果令人吃惊：原来我们观测到的“雪线”距离恒星可谓近在咫尺。同事们在所观察到的恒星线那里测定的温度，则比预想中的高出许多。在不到 20K 的情况下，纯质的一氧化碳冰会转化为气态。雪线所处的地方，其温度则要高出好几度。这听起来也许并不惊悚，但对含有一氧化碳的区域的扩张而言，效果则是巨大的：雪线之内的区域只有它事实上应该呈现的一半那么大。

这可能意味着什么？基本上，有两种可能性：要么是年轻恒星周围的一氧化碳冰在比实验室里测量到的温度更高的情况下消融了，要么是同事们的温度测定不准。为了能排除后一种解释假说，我们必须估计温度测量的准确度，并与其他估计进行对比。结果出来了：即便同事们的测量存在很多错误，温度分布也不可能跟我们为了解释观测所见而需要的结果出入如此之大。正如同事们估计的一样，测量的不确定性实在太小。因此，第二个假说看起来并不可能。那么第一个假说看起来如何呢？什么类型的冰可以用来解释我们的观察所见呢？这个问题我可以直接请教那些在美国的同行，他们在实验室里进行各种测量，目的是发现不同类型的冰会在什么样的温度下从固态转化为气态。从这些同事那里，我了解到混合了水冰的碳冰可以解释我们观察到的雪线。如果这一解释没有问题的话，我们的观察所见就真正揭示了一氧化碳冰在显微镜下的成分。

当然，到此我们尚未结束。我们结论的中心点是，从同事那里得到的温度分布数据是准确的。有着怀疑一切精神的我们，当然只会在迫不得已的情况下依赖他人。因此，接下来的多个步骤之一，就是使用一架可以解析雪线的望远镜来进行观察，而借助观察所见，我们可以不受影响地测量温度分布。比如说借助粒子的辐射，我们发现也许只是“尘埃温度计”出错了。此外，我们可以核实所利用的温度分布是否跟其他粒子的雪线相符。为此，我们可能也需要进行新的观察。因此，我们的研究项目远远没有结束，而这几乎是常态。我们得到新的数据，跟又有了新想法或新线索的同事们讨论自己的工作。我们发现了新的关联，不得不把旧的假说搁置起来；如果幸运的话，在多年的研究中就会生成一个观点，可以为所见现象提供令人信服的解释。当然，这个解释又会引发全新的问题。这也许就是教授们不愿退休的原因，即便年岁已高，仍然在研究所进进出出。正如犯罪行为永远不会消停、优秀刑警总有接不完的案件一样,宇宙里面充满了日新月异的谜团,它很少会给人这样一种感觉:当前某个主题真的已经得到了全面而持久的解释。

4. 冥王星的心愿

只要涉及解释特定的单个天体和现象,应用夏洛克·福尔摩斯方法的例子就在天体物理学中随处可见:为什么我们会看见我们所见的呢?这是怎么产生的?2015 年,"新地平线任务"(new horizons mission)就给天体物理学家带来了整整一个系列需要全新解释的问题。2006 年 1 月,这一宇宙探测器被送入太空,目的是从最近距离探测直到 1930 年才被发现的矮行星——冥王星。九年以后,探测器达成了它距离冥王星 1.25 万千米的目标,并首次用无线电向地球发送该行星表面的照片,其最高分辨率为每像素 25 米。在这些照片上看到的景象,真是令人大吃一惊。在执行"新地平线任务"以前,人类仅能通过哈勃天文望远镜拍摄到特别不清晰的照片,那上面冥王星看上去就是个污迹斑斑的天体,而现在则能从照片上看到丰富多彩的冥王星表面。

发回地球的首批照片,其分辨率还不是最大的,像素的最大值为 400 米。但即便是这个级别,也呈现出一些地质上的特殊之处,引发了疑问。最引人注目的特征,也是“新地平线任务”拍摄的冥王星一侧被媒体迅速认定为冥王星的新标志的特征,是一个明亮的心形区域。这一区域根据冥王星发现者的名字,被命名为汤博区。它的西边地带是宽约1200千米的斯普特尼克平原,有着非同一般的特征:冥王星的表面一般可以看到很多撞击坑,而该平原则是一片没有被开发的处女地,一个撞击坑都没有。

这一发现之所以令人震惊,是因为冥王星位于太阳系中的某个区域里面,那里遍布小行星和彗星,即所谓的柯伊伯带。成千上万围绕冥王星运转的小天体,就是恒星形成过程中的残留物;而恒星的形成在太阳系的外围区域进行得非常缓慢,以至于从小行星中无法生成任何较大的天体。如果把这些天体的轨道以及天体与冥王星产生的碰撞用一个模型模拟出来,就可以从冥王星上撞击坑的数量估计相应表面的年龄:年岁越久,撞击坑就越多。反过来也就意味着,斯普特尼克平原肯定是非常年轻的,根据模型推算结果,不会大于一千万年。为什么会如此年轻呢?要更新行星表面的话,是需要能量的。尽管自从几十亿年以前形成以来,冥王星按说早就完全冷却了,在太阳系冰冷的外围区域,它又是从哪里吸取能量的呢?斯普特尼克平原的结构被分成多边形和椭圆形,它们的宽度为10到50千米,这样的奇特构造又是怎么形成的呢?这可能跟斯普特尼克平原被高地包围,因此看起来像个凹槽有关。同时冰里面还存在一些与流体相关的地质学线索,暗示冰里面有水流动。看上去,这个凹槽被四周位于更高处的区域填满,就好像被冰川填满一样。

“新地平线任务”进行了一系列没有关联的观测,提出了几个问题。

接下来，天体物理学家的工作是，通过一个含有因果关系要素的共同故事来解释观测到的现象，而故事要尽量少用猜测，将所观察到的特征尽可能多地联系起来，以便解释观测到的现象。第一步，提出不同的解释假说。斯普特尼克平原的表面可能已经在截然不同的过程的作用下得以更新，这可能是出现了腐蚀现象，或者是发生了物质的沉积，让现存的坑洞看起来模糊不清。这一现象从土星的卫星泰坦那里即可了解，其表面遍布甲烷河流。在斯普特尼克平原的边缘，可以观察到坑坑洼洼的表面，看起来就好像是有冰发生液化一样，这一点也许可以证明冥王星上有腐蚀现象发生；看起来，从更高区域有冰川流入斯普特尼克平原的凹槽内，这一点则可证明该平原上发生了新物质的沉积。另外一个解释可能是，在无处不在的引力的影响下，撞击坑自己又恢复原状，正如对土星的卫星恩克拉多斯(土卫二)[①]的猜测一样。冥王星的表面也可能是通过正在进行的高原地形构造而得以更新的，这就像木星的卫星欧罗巴(木卫二)一样：其冰壳像在地球上一样分裂为板块，它们可以在流水上面运动以及交叠滑动。

但是，以上所有这些解释又把我们重新带回到那个问题上面：为了把坚硬的冰物质融化成水，冥王星在哪里吸收必要能量呢？如果其卫星较小的话，像月球与其大型家园行星即地球之间的潮汐能量会提升天体内部的温度，但冥王星及其卫星卡戎却是在两相平衡的状态下运转，这样一来潮汐能量就不能发挥作用。然而可以推测的是，有着石质内核的冥王星会因为放射性同位素的裂变而升温，即便这一热源随着

---

① 2017年4月14日，NASA宣布土星的第六大卫星——土卫二“恩克拉多斯”上具备生命所需的所有元素。它是太阳系中最有可能发现地外生命的星球之一。——译者注

时间推移按说已经明显减弱,不再会有那么高的能量。

有关斯普特尼克平原的特殊空间构造,也存在多种不同解释。这些空间的形成可能跟我们熟知的地球上泥土结构的形成类似,在干燥时表面会破裂开来。空间的形成可能也是太阳直射的结果,假如太阳热量在冰中传导不畅的话,这会导致材料中产生应力。不过,还有可能是因为表面的断裂所致,而断裂则是下层地表的扩张或运动引起的结果。形成原因当然也有可能很简单,就好比我们观察到的类似现象:烧水的时候,一部分水从底部上升到顶部,这样热量就会从锅底传导到水的表面。这样一种所谓"能量传递"也可能发生在稳定性不强的冰物质上面。我们所观察到的、给人流动冰川之感的表面结构证明,冰实际上也可以像水一样流动。

提出几个不同的假说之后,第二步就是运用夏洛克·福尔摩斯的推理方法:为其中某个假说寻找其他的支撑依据,以便利用它们在理想化的情况下解释所有观察到的现象,并建立起它们之间的相互关联,同时排除与之抗衡的假说。我们要开始寻找新证据,它们要么能够为某一假说提供支撑,要么可以推翻被怀疑是谬误的假说。为了能在不同的假说之间进行选择,起到决定性作用的附加信息,就是布满斯普特尼克平原的冰的属性。从在地球上进行的观测可以得知,冥王星上存在的冰是由氮气、甲烷和一氧化碳构成的。科学家曾经利用光谱仪,在宇宙探测器飞机上对斯普特尼克平原进行红外线拍摄,所得照片可以证实,斯普特尼克平原的凹槽里面实际上注满了氮冰,以及部分甲烷冰和一氧化碳冰,而这些冰呈现出的固态不及水冰那样高,在 -210℃就会融化。然而,这一观察结果让所有假说都处于互相竞争状态。比方说吧,假如与现有观测结果相反,可以看到斯普特尼克平原充满了固态的水冰,那么也许从一开始就能排除"能量传递"的假说。由此一来,冰可能就曾是一块稳定的固体,原本就无法在垂直流动的作用下进行自我更新。

对于接下来的操作,天体物理学家有两个策略可以选择。第一种策略在上一章已经略作介绍,即进行新的观测,这些观测可以作为决定性线索。就冥王星而言,这一策略主要体现为等待新地平线宇宙探测器来履行任务,让它传导那些尚未确定的、可以提供冥王星表面更高分辨率的数据。第二个策略则在天体物理学领域发挥了极大作用,具体是在电脑上模拟有待了解的物理学现象,由此检验假说中提出的问题,即物理学现象能否在假定的情况下引发跟我们所观察到的一样的结果:所观察到的冥王星跟冰的混合,真的会像水一样流动吗?如果确实是这样,会形成几十千米高的冰层吗?为了回答这类问题,科学家会在电脑上进行一种类似实验的操作,其途径是尽可能用数字方法模拟斯普特尼克平原,然后观察下一步会发生什么。

在使用特殊冰盒的情况下,第二个策略最终取得了成功。两个研究团队通过数值方法研究了从底部给一个注满氮冰的凹槽加热时会发生什么,如同期待从冥王星那里了解的那样。有两个因素会影响黏稠的冰水:凹槽底面因为材料升温而发生膨胀,所以冰水变得更轻,并向上运动。但与此同时,冰的黏稠性会阻碍向上的运动。两个研究团队都得出了这一结果:在冥王星上面,可以预见各种条件,最终还是氮冰的浮力占了上风,并以每年几厘米的速度向上移动。在这一过程的作用下,冥王星表面得以更新,撞击坑则被抹去。冰里面的上升运动是在对流单元里进行的,因为表面会被向上移动的冰从一侧向下挤压。估计克莱兰会满意人造卫星槽里氮冰的对流运动这一解释假说,因为它确实利用唯一一个含有因果关系作用因素的故事,解开了所有的未解之谜。它还解释了冥王星表面较为年轻的原因,揭开了空间结构的谜团,并解决了能量问题,因为氮冰在如此低的温度下都能保持足够高的黏稠度,以至于冥王星内部的放射性裂变可以提供足够能量。

现在我们不断调试,准确模拟出所观察到的冰盒的大小,借此就可以进一步预测斯普特尼克平原的性质。然而,此处两个研究团队的结果并不一致,这取决于团队到底采用氮冰的哪些特征。要么是斯普特尼克平原里的冰至少有 10 千米深——假如四处的冰或多或少都有相同特征的话。相反,假如表面的冰比槽底的冰黏稠得多的话,那么冰层的厚度就只有几千米。不过,如果我们想要了解斯普特尼克平原的故事,凹槽的深度又是一个重要依据。如果说凹槽是因为巨大的撞击坑而形成的话,那么就像我们从太阳系里其他天体上的类似坑洞所能推断出的一样,凹槽的最大深度不能超过 10 千米。如果坑洞更深的话,那就要求我们另外提供解释。也许是氮冰的重量扩大了坑洞的深度?不管这一可能性是否存在,两个团队的研究都未能回答这一问题,即斯普特尼克平原可以聚集多少氮气？冥王星里差不多所有的氮气都存在于该平原的凹槽里面。在此，观察者又得从数值模拟者那里取经，并寻找实际证据，以确定哪种模拟即便是在细节上也是前后一致的。

从这一例子可以看出，只要涉及对个体观测的理解，夏洛克·福尔摩斯方法就非常适合描述天体物理学研究实践。同时也可以看出，在天体物理学中，这一方法非常依赖该学科的两个基本研究导向：其一是对观测结果的分析，其二是对宇宙现象的数值模拟。这一方法的成败则存在于细节之中，因为不管是分析还是模拟都绝非易事。如果想要赞同克莱兰对观察科学研究方法所持的乐观主义态度，从而反对哈金充满怀疑的反现实主义倾向，并进而捍卫天体物理，那么我们就面临一项不可避免的任务，即更准确地检视该学科中的数据和模型。

ooo

看起来我父亲也加入了怀疑者的行列，于是我不得不追问："照你看来，在银河系中心也许压根儿就不存在超大质量的黑洞，而天体物理学家可以说就是完全弄错了，不仅是错误估计了质量？今天，我们可以比较确定地排除这一点，但很久以前，我们确实还不知道呢。"

“从什么时候开始了解的呢?”

“银河系中心位于射手座中,而这一星座位于夜空非常偏南部的地方。因此,南半球是观测的最佳位置,但它藏在致密的尘埃云之后,在可见光下是看不到的。仅仅因为这一点,直到观测技术发展到可以让人在其他或长或短的波长下透过尘埃看清的水平,都经历了很长一段时间。”

“那就说个大概的时间吧,是什么时候呢?”

“20 世纪 30 年代初,射电天文学起步,那会儿人类就已经看到,在射手座里面存在超级强大的电磁波波源,叫作人马座 A。”

“然后呢?”

“然后,人类多年以来搜集了越来越多的线索。通过观察银河恒星,可以看出的是,发射源位于银河系的中心。随着时间的流逝,差不多是在 20 世纪 70 年代,借助对人马座附近气体和恒星的观察,我们可以估计出银河系中心里面的质量,这一点我在前面已经说过。”

“接下来,就可以确定银河系里面一定存在黑洞吗?”

“没有,起先只能确定中心里肯定存在很大质量,比太阳质量的几百万倍还要大,而且这一质量肯定存在于相对较小的空间里面。”

“除了存在黑洞之外,还有可能是什么?”

“比方说有一堆小恒星、中子星,以及大恒星灭亡之后形成的轻黑洞。另外还可能出现一个由暗物质组成的“幽灵星系”,比如说由中微子或迄今完全未知的基本粒子构成。”

“听起来倒也有趣。”

“是的,但是2002年展开了一项研究,对最里面的恒星进行前所未有的精准测量。恒星以每秒好几千千米的速度围绕银河系中心飞驰,其间还会突然改变方向。可以肯定的是,这些运动与恒星、中子星和轻黑洞的聚集并不一致。那么,第一种可能情况就排除了。当然,这种情况本来就是不太可能的,因为几万年后,这堆物质可能会自行坍缩为一个黑洞。”

“第二种情况呢?”

“第二种情况也可以部分排除,至少不可能出现中微子团。从物理学的角度,可以排除是中微子团引起了我们所观测到的恒星运动。但如果是由所谓玻色子组成暗物质的话,就更加复杂。真是这样的话,有两点就有些让人捉摸不透了:第一,暗物质如何积聚成为一个如此致密的天体?第二,聚集到暗物质团上的物质,会发生什么情况?迟早该物质可能也会变成一个黑洞。”

“但也不能完全排除是吧?”

“哎,如前所说,真的不太可能。但过不了多久,也许人类可以知道得更多,因为对银河系中心的观测也会不断推进。”

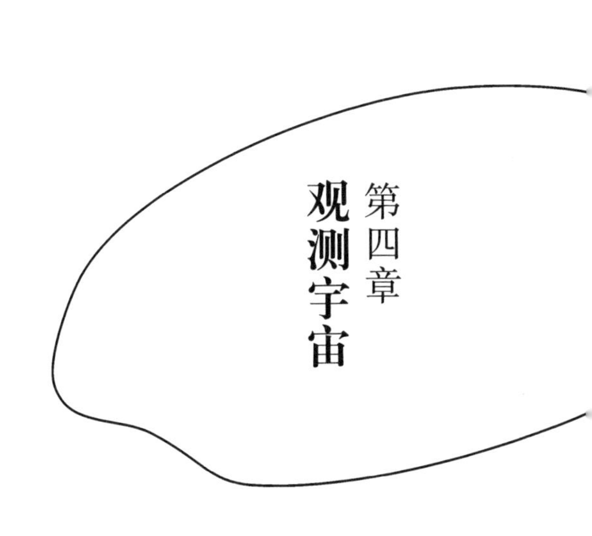

第四章 观测宇宙

身为天体物理学者,可能会经历银行职员或幼儿园保育员经常碰不到的事儿。在过去的几年中,每当有朋友或家人来访的时候,或早或迟,他们几乎总会满眼期待地询问可否参观一下我的工作间。因为在一般人看来,天文研究者的工作间是个非常非常酷的地方,里面摆放着望远镜、穹顶模型、射影平面和星空图,以及很多尚不为人知、出乎意料的物件,可以让人在无尽的远方遨游。如果我接下来说,我的工作间看起来更像保险公司职员的,大多数情况下,参观这一话题就会很快翻篇。今天的天文研究所通常看起来枯燥无味,不过里面大多还有一个配备了中型望远镜的穹顶,用来进行宣传和教育工作;但如果要说开展天体物理研究,今天几乎只需要稳定快速的上网连接系统,以及一台性能相对较好的电脑。当然,在大多数天体物理学家的办公室里,还是挂有闪亮气体星云的美观图片,或者画着站在望远镜前面的天文学家,但这也就是唯一引人入胜的东西了。

实际上,天文学发展到这个地步,也是相对较新的。在过去,天文学家总是在他们采集数据的地方工作。欧洲天文学在文艺复兴的进程中取得了新的进展后,首先主要是把可见天体的位置记录下来。为了确定恒星和行星的位置,首先需要的只是一双锐利的眼睛,也许还要再加上准确测定光源方位的辅助工具。那个时代城市的夜晚还是暗黑一片,原则上说,甚至足以在自己的住所进行有趣的天文观测。这一点在17世纪初起先并无变化,当时作为天文辅助工具的望远镜已经发明出来,随后又进一步发展成为更大规模的天文望远镜。对更大的观测工具进行专业装配,当然要求合适的空间场所,但即便是到了18、19世纪,天文台在欧洲遍地开花,大多数天文学家也仍然直接住在他们的观测站里面。19世纪初,天文学开始朝着天体物理学转向,从那时起,天文学家感兴趣的不再只有方位测定和宇宙力学,而是意识到宇宙也遵循相同的物理学定理和化学定律,跟人类在地球上了解和研究的定理一样。具体来说,天体物理时代的开启以下列事件为标志:1814年,约瑟夫·冯·弗芬霍恩夫(Joseph von Fraunhofer)借助棱镜,将太阳光分解为单色光,并在其中看到了光谱线。在地球上的实验室里,如果我们把不同波长的光发射出去,也可以生成这样的光谱线。

几十年后,德国物理学家古斯塔夫·基尔霍夫(Gustav Kirchhoff)和罗伯特·本生(Robert Bunsen)对这些光谱线做出了化学上的解释,其后对宇宙温度、压力、密度和化学成分上的研究就变得畅通无阻。19

世纪，欧洲各地都兴建起大学，大学里都配有自己的天文台，观测地点的增加几乎呈直线上升。在19世纪末期第二次工业革命的进程中，进行观测活动的天文学家遇到了一个问题，这个问题仍在影响我们与星空的关系：照明线路大肆铺设，城市变得越来越亮，夜空渐渐也被地球上的光亮照得明晃晃的。以前在黑暗的环境中，夜晚晴朗时可以看到天边的几千颗星星；时至今日，因为光污染，我们在柏林这样的城市只能看到几十颗。这一变化意味着，有必要把城市里面的天文台搬迁到郊外去，这样才可以继续进行科学观测。

但城市也在不断扩张，很快人们就意识到，必须找到一个新的解决办法。19世纪末，美国天体物理学家首次认识到，实现进一步的科学进展需要一代新的望远镜，性能复杂，体积巨大，若是置于远离人类文明所致的光污染的高山之上，望远镜上方的干扰性大气极其稀薄而稳定，这时候它们就能充分发挥技术潜能。美国这批大型望远镜项目由一群富人资助，相应地也以他们的名字命名。举例来说，第一批大型望远镜中有一台叫作利克天文台，1888年被安装在加利福尼亚的哈密顿山上，是当时最大的棱镜望远镜。相关建造费用出自詹姆斯·利克(James Lick)的遗产，此人是美国的一位钢琴生产者和大地主。这些由私人赞助的望远镜，首次引发了今日天文学界中已经固化下来的现象：天文数据由天文学家在偏远的地方采集，再由他们进行科学分析。打那以后，全世界范围内其他国家纷纷仿效，建立了自己的天文台：法国建立了上普罗旺斯天文台；美国在国家科学基金会的主导下建立了一整套国家天文望远镜系统，每台望远镜分别承担各具特色的科学任务。但是，天体物理学要求有越来越完备和精准的数据，而数据又要求有技术越来越成熟、规模越来越大的天文台，对于这种情况，单个国家无能为力。因此,20 世纪下半叶,一些多国组织就承担起规划和执行新的天文项目的任务,比方说 1962 年成立的欧洲南方天文台,它今天有 16 个成员国。尽管它是一个欧洲观测联合组织,但由它资助的望远镜不在欧洲,而是位于世界上最好的观测地之一,即有着干燥沙漠和巍巍高山的智利的北部。欧洲南方天文台的望远镜位于智利的三个不同地点:拉西拉、帕拉纳尔和查南托。此外,南非杳无人烟、高海拔的沙漠,澳大利亚孤寂无人的荒原,靠近赤道、群峰林立的加那利群岛,或者是夏威夷高耸的火山,也都为现代天文台提供了上好的观测条件。

今天的天文学与过去的相比,其区别不仅在于天文学家与天文台之间的空间隔离:一直以来,天文学家大多在城市里的大学和研究所工作,而负责数据生成的天文台则位于别处。与附属大学的小型天文台所处时代情况不同的是,对可用天文数据的普遍态度也发生了变化:制造天文望远镜的人,自己也可以使用它;记录数据的人,也可以对它们进行分析。这样一种哲学,在很大程度上,已被今天负责生成最重要的天文数据的大型观测联合组织否定,变得毫无意义。数据被不同国家的天文学者分享,一般情况下,不光是参与建造望远镜之国的天文学家有机会获得。“开放太空政策”(open skies policy),即望远镜时间①应当仅仅按照学术标准而非政治或经济标准来分享,让全世界天文学家申请获得数据变得更为可能。为此,他们必须在申请中描述需要什么样的数据,打算用这些数据解决什么学术问题,以及具体用什么方法来进行研究。然后,由专家组决定是否给他们提供数据。

① 指科学家或研究团队可以使用天文望远镜进行观测和研究的时间段。在天文学中,望远镜通常是昂贵且有限的资源,因此时间被分配给不同的研究项目和科学团队以确保其有效利用。——编者注

1. 初次接触

我必须承认在很长一段时间里,我对天文学数据生成的整个主题系统兴致索然。在中小学阶段,比起让人疲惫不堪的实验,我更喜欢数学,上大学后又偏爱理论物理,而不是实验物理。也就是说,相比实验操作,我更喜欢纯粹的计算;我宁愿坐在电脑旁进行模拟,而不是在深夜里操作无法运行的技术。我的第一位天体物理学教授也持有差不多的看法(他并没有被实验吓退,甚至将 π 的数值约等于3,由此弄得那些理论家心烦意乱)。在做了一场与天文数据毫不相干的报告之后,他说了一句意味深长的话:"哎,安代尔小姐,即使连一颗星星也没有,我们还是可以模拟出来的啊。"

大学毕业后,我去一家以观测为中心的研究所从事博士研究工作。研究所里的博导给我下达的第一个正式指令,就是派我立即去智利从事观测活动,得知这一消息后我大吃一惊。在那之前,我曾平心静气地设想过未来美好的职业生涯:我坐在一间再普通不过的大学办公室里的电脑面前,周围坐着另外一些面色苍白、不善运动的学术达人。突然之间,我却要去医院做个恐高检测,因为我负责的那架望远镜位于智利阿塔卡马沙漠的海拔约5000米的查南托高原。将近5000米的海拔,这即便对体育生来说也不是小菜一碟,因为那个海拔上方的空气已是非常非常稀薄,这当然有利于天文观测,对天文观测者却是大大的不利。体检要检查血压、心脏功能和肺活量,还要签字表明自己了解高原病的风险,知道这种病可以很快致死,但为了研究需要甘愿去冒风险——这是当你只想攻读天文学博士研究生学位时会遇到的情况。再加上坊间流传的玻利维亚歹徒的恐怖故事:他们越过近在咫尺的国境来到智利,而天文观测队开着相对较新的越野车,满载手提电脑和实验配件,从基营地驱车去往望远镜所在地,这对歹徒来说就是轻而易举能擒拿的猎物啊!

作为天文学者,可能会轻易地陷入一场冒险之中。我要去负责的那架望远镜,曾经由德国和日本高校合作开展研究。德国研究团队主要致力于观测技术,而日方则负责望远镜本身的构造以及相关的基础设施。就这段跨洲际的工作关系来说,在前期就已经发生过一些故事。比如说,有一天日本同行一直情绪恶劣,而欧洲同事则不明所以。最后才知道,原来是因为有个德国同事进入控制室时没有脱鞋。在日本同行眼中,控制室就相当于家里的起居室,必须严格遵守不得穿鞋入内的规定;但又不能在望远镜大楼内的每个地方都脱鞋,因为在使用日本研制、可以在高空运作的高科技洗手间时,穿上鞋又变得极为重要。听过这个故事后,我心想,谢天谢地,我已经做好了频繁脱鞋穿鞋的准备,并愿意迎接其他文化冲突带来的挑战。

当我抵达海拔 2500 米的智利沙漠村圣佩德罗-德阿塔卡马之时,同事已经在基营地等我,他将在头一个星期内指点我熟悉望远镜操作。那会儿望远镜还相对较新,前来的观测者的主要任务是检测望远镜,以及观测所得数据的质量。起先我对摆在自己面前的任务几乎一无所知，因此，在得知那位我要向他求教一切的同事得了高原病的时候，巨大的恐惧向我袭来。这不光是因为那位同事处境不佳，而且因为现在他不能指点我花一周的时间学习望远镜的操作，取而代之的是，为我专门多待了一天的其他同事给我做了寥寥几个小时的指点。这为期一天的入门课进行得忙乱无比，最为不幸的是全部安装都出了问题，以至于我的德国同事用Skype(一款即时通信软件)指导我重新调整和优化所有观测参数，直到下一个望远镜检测者到来。在智利沙漠的那三周内，虽然在缺氧的五千米高度几乎无法顺畅思考，但我还是学到了很多有关亚毫米波望远镜实际运行方式的知识，打那以后，我就再也没有如此密集地学习过。直到几年以后，我才真正差不多明白，在复杂的探测器和终端内部，也就是在用来记录电磁辐射并将它转化为有待进一步加工的信号形式的仪器内部，到底发生了什么物理学现象，而我为什么必须以特定的方式来优化特定的安装。

于是，若有朋友或家人来访并提出要参观我的工作间和“望远镜”，我虽然无法给他们展示一个位于我寓所附近、让人特别兴奋的工作场所，但可以请他们去街道拐角处的一家南美洲餐厅喝一杯皮斯科酸鸡尾酒[①]，顺带给他们讲讲我在智利经历过的狂野冒险故事，那感觉也不坏。

---

① 在秘鲁流行的一种由葡萄蒸馏酿制而成的烈性酒，在世界上知名度很高，堪称秘鲁的国酒。——译者注

2. 望远镜中的宇宙真实情况

今天，尤其是对年轻的天文学家来说，大型天体物理望远镜俨然成了一个朝圣之地。很多天文办公室里挂着这样的照片：专业人士摆出姿势，像模像样地站在曾经为了观测而造访过的望远镜前面。从社会学还有科学理论的角度来说，这当然是一个激动人心的现象。但事实上，对那位老教授“即使连一颗星星也没有，我们还是可以模拟出来”这句话，可以解读为好像他跟反现实主义者伊恩·哈金是一个鼻孔出气似的，即便他们的不谋而合体现在哈金自己都完全没有想到的那一点上：有不少理论天体物理学家自个儿都不接触天文数据，而只是进行天体物理上的模拟。经常的情况是，这些理论家从未参观过任何一家现代天文观测台。即便是做天文数据分析的天体物理学家，他们中的很多人花费在望远镜观测工作上的时间也越来越少，如果说观测工作不是完全由当地同事代劳的话。

大多数情况下，专业天体物理学家跟宇宙的直接接触，不如业余天文爱好者的来得那么直接，后者可是在星穹之下度过一个又一个夜晚的。即使如同我们想象的那样，宇宙根本就不存在，我们实际上还是可以研究天体物理？在那些坏天气的日子里，研究天体物理的博士生孤身一人坐在电脑前面,面对着毫无进展的数据,而它们原本是要传达宇宙里相隔几万光年距离的地点的相关信息,这时候,即使完全没有伊恩·哈金的支持,人也几乎会变成一个感情冲动的反现实主义者。也正因为如此,年轻的天体物理学家至少要本着接受培训的目的,在望远镜旁边度过一段时间,这一点有着重要意义。该现象甚至都已成为人文学科的研究对象。

2012年,社会学家格茨·赫佩(Götz Hoeppe)陪同几位天文学家在智利和西班牙进行了观测。他描述道,尽管大型望远镜跟天文学家的办公地点相距甚远,但在他们的日常研究生活中,仍然发挥着重要作用,远不止是数据来源。研究者站在望远镜前的照片不光是充满温情的纪念,而且同时传达出他们是天文学界公认成员的身份信息,因为进入那些地方是受限的。公众是没有资格进入现代天文台的(除非是像詹姆斯·邦德的电影里面那样,罪犯进入其中一架未来派望远镜,设计了他的计划;而无论是1995年电影《黄金眼》里的阿雷西博天文台,还是2008年电影《007:量子危机》里面欧洲南方天文台的超大望远镜,情况也都是如此)。按照赫佩的看法,如果要研究有关天体物理现实主义的问题,天文台也是关键因素,因为在那里,未来和过往的宇宙区域都会获得当下意义:观测者把望远镜调节至特定方向,会真实地看到恒星形成区,以及遥远的银河系——而这类天体,作为相关专家的观测者在家里的办公间就已常常看见并分析过了。在望远镜旁边,观测者可以确定这些天体确实存在,因为确实在“现场”观测过它们。观测本身当然不是裸眼戴上一副目镜就可进行,而是要依赖复杂无比的专业技术,以便最后在电脑上生成一张图像。

作为社会学家，我们可以把电脑生成的图像称为天体真实存在的指示：假如不存在天体，我们无法给它们拍照。然而，拍摄到的不是一些随随便便的照片。它们看起来更像以前拍摄过的照片，即使换了一台完全不同的望远镜，涉及的数据也完全两样。从这个角度上说，这些照片就是社会学角度下的图形符号：与从事观测的天文学家通常情况下熟悉的旧数据相比，新数据会呈现一种相似性，让人产生跟那个区域似曾相识、近乎知己的感觉。天文学者对这一切了如指掌，注意到极其细微的变化，立马就能粗略估计新数据的说服力。

在研究博士课题时，我加入过一个分析银河系近邻 M33，即三角座漩涡星系数据的研究团队，团队成员之间邮件往来的称呼经常是“亲爱的 M33 的朋友们”(我总是有种被抓丁凑数的感觉，因为我仅对银河系小有兴趣，最多只能被称为 M33 的熟人罢了)。同时，这一点也解释了专业天文学家经常对“真实的”夜空并不感兴趣的原因：他们熟悉的宇宙区域，是裸眼无法看见的。这种“熟悉宇宙并感到亲切”的效应并不会发生。只有在使用最先进的望远镜进行观测时，他们才会感到与他们的领域亲近，跨越了宇宙的距离，使之近乎真实可及。如果有一天，有人用望远镜观察到了自己平日在办公室的电脑上研究了多年的天体，就再也不会怀疑这一天体的真实存在。这就好比哈金一样，他在发射电子以后，也就基本不再怀疑电子的存在。

3. 观察鸭子的申请

今天的天文学和天体物理学,在很大程度上受到观测活动和技术发展的驱动:起决定性作用的新发展很少起源于理论,更多是在新式观测技术研发出来并投入使用之后出现的。若有大型望远镜显示出全新的细枝末节,或者说如同最近引力波研究中发生的那样,甚至开启了面向宇宙的全新窗户,那么可以预期会出现许多意料之外的新发现,它们经常会动摇理论家所做的预言。在 1981 年出版的《宇宙发现》(*Cosmos Discovery*)中,天体物理学家马丁・哈威特(Martin Harwit)将最近几个世纪里新宇宙现象的发现与新兴技术的引入进行了对比。其结果是,尤其是自 20 世纪下半叶以来,两者的发生时间在多数情况下都是重叠的:当新工具投入使用的时候,就会产生新发现。据哈威特所言,这大多发生在头五年。但这也显示出,关于获取新数据访问权的问题在天体物理学中占有多么重要的位置:掌握了新设备首批数据使用权限的人处于特权地位,能以发现者的身份被载入天文学史册。最初的数据通常来自新仪器的测试阶段,因此仍然掌握在负责其开发的人手中。从某种意义上说,这也是公平的,因为新技术的研发是一项费时而又无聊的工作,在研发期间相对来说创造不了什么丰功伟绩。

天体物理学的进展在很大程度上依赖新的观测,这一事实突显了大型望远镜观测时间的分配问题对天体物理的发展方向起着多么重要的作用。特别是从科学哲学的角度来看,这一问题显得更有意思:如果天体物理学家这一群体听取学术专家委员会的意见,决定实际上要执行哪些项目,难道不会出现只有所谓四平八稳的“主流项目”才会得到资助的危险吗?天体物理在多大程度上受制于短暂的研究热潮的影响?一个孤独天才的观测申请从来不会成功,因为他的项目也许有悖于当时主流的观点,让专家们觉得太过冒险或者太不合乎常规,这种可能性有多大?或者说,转到夏洛克·福尔摩斯断案的场景,某些刑事案件就那样被批量地忽略不理,这有可能发生吗?有些犯罪嫌疑人被保护起来,而另一方面责任总是被转嫁到另一个无辜之人身上,原因是用这种方式就可以最便捷地了结悬而未决的案件?自20世纪下半叶以来,科学哲学家和科学社会学家就一再指出,社会和政治因素对于科学发展有着重要意义。除了此处观测时间的分布,如果涉及我们今天这个全球化学术世界里研究资源的分布这一普遍问题,也可以清楚窥见社会和政治因素在其中发挥的关键作用。

1962年,哲学家托马斯·库恩(Thomas Kuhn)在其著作《科学革命的结构》(*The Structure of Scientific Revolutions*)中,将这一现象描述为“常规科学”,也就是在无须跟特殊危机抗争的情况下正常发展的科学:在科学研究的正常发展时期内,占据主导地位的是一个公认的范式、一个共同的规范准则,它涉及方法、直接和间接知识、共同的代表性案例和概念。总体上说,在“常规”研究的时期内,专家们会就以下问题达成一致意见:什么知识已经确立下来,又是通过哪些方法获取的。公认的范式关注的是自我保存,如果想要偏离这一范式的话,一开始就会遇到困难。被同一范式联系起来的科学家,都对世界有着共同看法。但这并不一定意味着,这一看法就是正确的。有时候,会出现类似路德维希·维特根斯坦那幅著名的鸭兔图所描绘的情况:我们所见的要么是鸭,要么是兔,而不能同时看到两者,但图画中包括的既有兔又有鸭,它们是同样存在的。

然而,从库恩所述出发对科学研究实践展开批判性研究,就会发现它并不像库恩描述的那么简单。尽管库恩所述很多地方都是正确的,但我们仍然无法从他的立场推断并得出结论,认为科学从总体上说可能是随意的,或者说可能压根就是完全错误的。科学研究在方法上具有多样性,并在某种程度上注意到了科学盲点的潜在危险。尽管如此,问题仍然存在:假如所有科学家都只看见了兔子,而一个孤独的研究者却提交了观察鸭子的申请,这时候会发生什么呢?

4. 发现人类压根就没寻找过的东西

事实上,这个问题在天文学家中间也有讨论。脉冲星的发现者乔瑟琳·贝尔·伯内尔(Jocelyn Bell Burnell)在她的公开演讲中一再强调,要使天文发现成为可能,尽可能不带偏见的观测有多么重要。在20世纪60年代,她本人也曾以博士生的身份参与了一个项目,搭建一个由2048根天线组成的巨大射电望远镜阵列。当时她计划利用布置好的望远镜,最准确地测量活跃的银河系原子核——类星体[①]。分析数据之时,她却注意到一个信号,好像既不属于寻找的类星体,也不在地球干扰信号之列。它由极短的信号脉冲组成,其时长不足十分之一秒。在排除该信号来自地球以外之后(假如它来自遥远的、居住着外星人的太阳系外行星,按说就可以看到它围绕着太阳旋转的轨迹),科学家确定这一信号源的距离为大约200光年。短暂的脉冲周期显示,这一信号源非常密集,而且极具能量。今天我们知道,这类信号来自脉冲星,来自高速旋转、其辐射被强大磁场束缚起来的中子星。贝尔的博士

① 宇宙中最亮的天体之一,通常被描述为"宇宙的灯塔"。——编者注

生导师因为这一发现，在1974年获得了诺贝尔奖。[①]

当然，贝尔·伯内尔的决定性成就在于，她在数据内发现了一些本来并没有寻找的东西。这样说来，对她的发现起作用的重要因素在于：一方面，能在不确定方向的情况下扫描整个太空；另一方面，她有时间和余地探究那些预料之外的信号，却并不知道是否真会由此产生有趣的结果。贝尔·伯内尔像从前一样，以其发现为契机，向研究界呼吁，主张观测申请并不一定就要本着原则上不出纰漏的目的，而设计得细致入微且有预见性。研究需要有冒险的勇气，因为若是被迫在前期就准确描述预计会看到的现象，那么就会产生实际上也只能看到预期所见的巨大风险。

出于这一原因，几十年以来，美国国家航空航天局计划，资助那些有着显性风险的研究项目。大型望远镜也在应对这一风险，它们一方面把可供支配的观测时间的一部分，即"所长的自由支配时间"[②]纳入计划之内，让观测项目负责人掌握这部分时间，自由投入以下项目之中：它们关注预料之外、临时出现的宇宙现象，其观测要求人做出快速反应，否则走常规申请程序的话，只有微小的获批机会。大家乐于见到这部分时间用在新型的或非常规的风险项目之上。在这种方式下，1995年，著名的哈勃深空场也随着哈勃空间望远镜的发明而产生了：当时的项目负责人罗伯特·威廉姆斯(Robert Williams)(也是美国太

① 1974年，休伊什教授因发现脉冲星独自享受了诺贝尔物理学奖，此事件引起科学界和英国媒体的轩然大波，这被认为是诺贝尔奖历史上最不公平的结果之一。——编者注

② 哈勃观测时间里有一小部分，被用作所长的自由支配时间。——编者注

空望远镜科学研究所所长)做出决定,征用了他可以支配的哈勃观测时间的一小部分,在这一期限内将望远镜对准宇宙中远离银河系盘面的一小块最黑的天区。观测结果是,哈勃望远镜所有引发轰动效应的天文照片中的一张出现了,它显示宇宙里充满不同形式和特征的星系。人类对宇宙以及由此对过去的观测越深(在实际操作中是“时间越长”),发现的星系也就越多,而且看起来永无止境。如果不存在“所长的自由支配时间”,那就不可能完成这样一项耗费大量时间、结果又不确定的观测工作。

另一方面,投入很多望远镜观测里面的,还有至少是一部分专门用于“调查观测”的时间;所谓“调查观测”,就是没有事先清晰定义目标的观测,而只是简单地对宇宙进行一番扫描。而在贝尔发现脉冲星的过程中,对望远镜的操作也正是在这一模式下进行的。像这样使用望远镜,看起来也特别适合获取宇宙探索上的惊喜。

除了存在具体的、“让人变得盲目”的期望这一风险,宇宙发现的可能性还包括另一个方面,对此贝尔借助其亲身经历也强调过:如果数据中出现了一些预料之外的因素,必须确保它不是望远镜故障导致的,同时确认观测包含预期之外的宇宙信息,而不单单是一项人为活动。之所以能够排除技术故障,是因为她亲自协助组装了用于研究的望远镜,非常了解望远镜的运行方式。因此,对天文数据的成功解释也总是需要一定的技术知识;至少,在面对望远镜各个部件是否照常运转这一问题之时,一定的技术知识是不可或缺的。

5. 如果半导体探测器讨厌你的话

今天,现代意义上的分工已经进入我们这个社会的所有领域,在科学界也不例外。几十年以前,我们还可以认为,学者公开的天文数据是自己借助望远镜观察所得的,但今日却不一定是这么回事。即便是“进行观测的天文学家”,即从事数据分析处理的天文学家,今天也不一定非得亲力亲为地观测不可。只要一项观测任务申请成功,借助望远镜进行观测的时间得到相应保证,原则上就存在四种进行实际观测操作的不同可能性。

要么是天文学家本人抵达望远镜所在地点,一般都是在当地工程师的协助下亲自观测。另一种情况是观测者将多台望远镜与目标望远镜联网,进行远程观测,这种情况也大多会得到当地工程师或者天文学家的支持。在这种观测模式下,之后要处理数据的天文学家会被直接告知望远镜的工作条件,以及有待进行的观测工作的具体进程。这跟服务模式下的观测不一样,在后一情况下,当地工程师和天文学家在天文台进行独立观测以后,天文学家会在观察季结束之时收到发送过来的申请数据。出于显而易见的原因,以上类型的观测只能依托地基望远镜进行。与之相反的是,宇宙望远镜完全是在遥控模式下运行的:观测指令被无线电发送到观测工具上面,之后卫星再把数据发送回去。

历史上,负责观测的科学家在记录数据的过程中发挥着重要作用:观测者亲自到达望远镜所在地,或者至少是进行远程观测,这些都是以往确定下来的观测模式。之所以这么说,是因为采用这些方式,观测者会得到诸多附加信息,即便是在观测数据里也不会包含得如此完整:观测期间的天气变化如何?有没有出现技术上的非正常状况?初一看数据,就能知道后来有没有进行望远镜的调试?数据产生时,如果本人在场的话,是最容易获得真正的“数据感”的。与此同时,让天文学家定期满世界奔波辗转,到一个地方就待那么几天,目的只是使用一架望远镜观测几个小时,这当然也是非常耗费人力的。对望远镜的远程使用有时候也潜伏着风险,因为望远镜、观测者和经常出现的通信问题三者之间存在时间上的延迟。

此外还有一个因素:为了尽可能全面地观测研究对象,今日的天文学家大多都会使用许多不同的工具进行工作。但每架望远镜都建立在不同而复杂的观测技术之上,要想提交一份技术上可行的观测申请,首先必须搞懂相关技术。而要掌握用于完全不同的望远镜的详尽技术知识,另外再加上获取研究者必备的天体物理知识,这在今天几乎是不可能的。这也可能是今天地基天文台越来越趋向于在服务模式下进行观测的原因之一。数据会由天文台发送,立即可用。至于天文学家需要为数据背后的技术细节劳心费神,这样的情况微乎其微。

在智利完成首度观测任务以后,我回到德国后,认识了一位博士生,他研发的正好就是进行望远镜观测时折腾了我很长时间的探测器的型号。我诉苦说望远镜的安装优化即调试非常复杂,而他则抱怨不懂技术的蠢笨观测者束手无策,完全没法从他的团队研发的工具中获取最优值。最后,我们商定,由他给我就半导体探测器写一份详尽的操作说明。之前我对望远镜的操作实属被逼上梁山,对待它就像是对待神秘生物一样:"如果屏幕上显示的曲线跟此处一样,那就表示正常。"至于曲线是否真的看起来像它本来应有的面目那样,似乎在某种程度上取决于工程师的善意(在我出发去智利前,一位同事提醒我注意,几个小时过后,因为缺氧状态对感知能力的破坏,仪器发出的嘎拉声听起来会像持续不断的"讨厌你,讨厌你,讨厌你",这一点我可以证实)。

在探测器开发者给我提供的入门指导中,我最后了解到,原来探测器中的光子会在超导连接过程中破坏量子力约束的库伯电子对,而这些拆散开来的电子对会把探测到的电磁射线极其精准地转化为可以测量的电压。这可太复杂了!为了明白望远镜系统里发生了什么,需要自行掌握有关低温物理学和半导体物理方面的牢靠知识,或者至少身边有这样一位既有耐心又专业的同事。并非偶然地,大型天体物理研究所常常试着在当地也组建一个研究团队,让它专门负责观测技术的开发。这一方面能保证优先获取用新开发出来的工具记录下来的数据;另一方面,鉴于天文学家可能会对通晓技术的同事就数据生成的细节问题追问不休,团队的组建也让同事之间可以进行重要的非正式交流。

ooo

我父亲模模糊糊地回忆道:“对啊,最近我在电视里看到过一点有关新型观测的东西。听后给我留下深刻印象,但也复杂得很。”

“相关理念是,观测的分辨率在某个时刻变得很高,高到能看到黑洞。不再是仅仅能看到近距离的恒星和大气,而且因为如此之近,几乎能同时看到黑洞是怎样吞下物质的。”

“假如能看到黑洞的话,那看见的到底是什么呢?”

“可以看到黑洞周围的空间弯曲得非常厉害,这使得位于黑洞后面的物质的多幅影像也呈现出来。另外还可以看到沉入黑洞中的气体,它像半月一样在黑洞的阴影周围拱起。可见的细节越多,可能就越会给人一种近乎疯狂的感觉。你是没有看过电影《星际穿越》,那里面真切模拟了这一场景。”

“那又是怎样进行准确观测的呢?”

“望远镜体积越大,能看到的细节就越多。为了能亲眼看见黑洞,需要多大半径的望远镜,才能看到无论什么都无法逃脱掉的黑洞呢?答案是,可能需要至少像地球这么大的望远镜。”

“这基本没可能,对吧?”

“不啊,这是有可能的,我们只需要用个计策,将整个地球上的望远镜联结在一起,模拟出一台超级巨大的望远镜。在欧洲的望远镜、在智利的、在夏威夷的、在南极的等等,都联结起来。”

“这有用吗?”

“很惊异,真能起作用。这可能就是你在电视里看过的场景。目前,人类首次应用了这一技术来研究银河系里超大质量的黑洞。”

“你在智利工作时用到的那台望远镜,也一起发挥作用了吗?”

“没有,那台太小了,但是与它相邻的那一台参与工作了,就是阿塔卡马大型毫米波/亚毫米波阵列(ALMA)天文台。”

“进行过这样的观测之后,人类会自动获取新的发现吗?”

“是的,可以这么认为。在天文学上首次运用新的观测技术,实际上差不多总会产生扣人心弦的结果,否则人类根本就不会去耗费成本,毕竟确实也有几台效能非常好的望远镜参与其中,再说观测时间成本也确实昂贵。仅就 ALMA 天文台来说,暂时也只会批准很小一部分已经提出的观测申请。在这样一个天文台,要在最好的天气里执行一个大型项目,可不是那么容易的。”

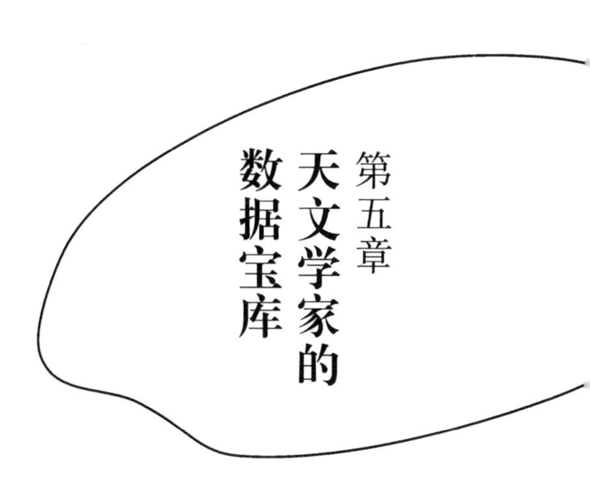

第五章 天文学家的数据宝库

1. 光和其他信息载体——一个小分类

天文数据是天体物理研究的基础材料。在日常生活中,我们也经常处理各种形式的数据,但天文数据具体是怎样的?什么是天文学家迫切需要的观测数据,以便他们能够对可能的宇宙场景假设进行检验,能像福尔摩斯一样收集新线索,并最终解开宇宙的奥秘?

正如上文所述,天文数据的形式在历史上经历了剧烈的变化。几千年以来,天文数据就是人类凭肉眼加上简单的观测仪器在夜晚观察星空时看到的内容。这些数据用于制作星空图和日历,以预测夜空中出现的变化。直到发明望远镜以后,天文数据才开始慢慢脱离感性的日常体验。伽利略制作出木星卫星的图画,正如他在不同时间点通过望远镜所看到的一样。接着他发表了那些数据,这样每个人都可以从测量数据出发,来评判伽利略的结论。直到19世纪,天文数据的主要组成部分是可见天体的坐标和亮度,它们都基于我们的肉眼感知到可见光。19世纪出现过这样一种理念,认为不仅要利用光强,而且要利用隐藏在电磁波光谱中的信息,这就在把天文数据从感官所得中摆脱出来的道路上又迈出了根本性的一步。当我们用棱镜把白光分离出来,就可以研究不同颜色或波长的光,也即不同能量的光。不同波长的光强提供了关于光源区域的化学成分的线索。因为每一种化学元素都有其独特的光谱指纹,不同的化学元素还会根据各自的环境条件以略微不同的方式留下它们特有的指纹。所以光谱信息包含的数据远不止来源区域的化学成分那么简单。

这当然不仅适用于可见光光谱的波长,也可以用于更长和更短波长的射线,以及高能量的伦琴射线和低能量的无线电波。然而,宇宙中产生的电磁波的一大部分根本就没有抵达地球。在无线电波段,只有毫米波和厘米波可以穿透大气。所谓的射电窗,双面都会受到物理上的限制:在波长大于 30 米的情况下,无线电波会被地球的磁场反射回去;短于 5 毫米的波长,则会逐渐被大气的组成部分,比如水蒸气和氧气吸收。直到 20 世纪,地球上可以接收的无线电波段才被天文学家发现,最初竟是作为地球上无线电波干扰信号出现。在贝尔实验室的委托下,卡尔 · 央斯基(Kart Jansky)仔细研究了这一干扰信号,并在 20 世纪 30 年代发现银河系中心是这一干扰性无线电波的源头之一。正如今天我们所知的一样,这一射线由超大质量的黑洞发射而来。自第二次世界大战以来,射电天文学就成为天文学一个发展迅猛的分支,巨大的射电望远镜在世界各地比比皆是。

在这期间,跟研究光学的同事一样,射电天文学家也要与一个类似的问题作斗争:在无线电波段,对太空的观察同样受到我们当今技术的干扰,比如广播和电视信号输送、卫星项目、手机通信、车距雷达系统等,这些干扰会让射电望远镜在相应的观测频带变得迟钝,无法接收来自宇宙的信号,因此就设立了几个保护射电天文观测的无线电宁静区。但它们越来越需要在激烈的捍卫下才能存在,比方说,2015 年,一家机器人割草机制造公司和美国国家射电天文台之间就出现了一场法律纠纷,起因是这家公司要在天文台观察宇宙甲醇分子的那个波段上操控机器人。有时候,干扰信号是射电天文学家自己弄出来的,澳大利亚的帕克斯射电望远镜,曾经一再观察到引人注意的信号,在扩大范围寻找后得知,信号来自人类使用的微波炉。在完成任务之前,一旦微波炉开启,都可能干扰观测。

如果要观察被大气吸收的波段,自然应该试着将大气的影响降到最低,或者立即动用太空望远镜。在红外线里面,也就是在紧挨着可见光光谱的波段,虽然存在一些大气窗口,但大部分的观测只能通过以下工具进行,比如高空气球、飞行天文台、赫歇尔太空望远镜,或是詹姆斯·韦伯太空望远镜。紫外线辐射会被臭氧层吸收,因此,直到 1972 年“哥白尼号”紫外线卫星发射才首次在紫外波段里进行天文观测。在哈勃空间望远镜运行初期,也是在紫外波段里进行观测的。在比紫外波段更短的波段,即便是借助人造卫星,一开始也是什么都看不到的,这是因为星际介质,也就是恒星之间的气体吸收了这个波段的电磁辐射。下一个可以观测到宇宙的波段,就是 X 射线波段。自 20 世纪 60 年代以来,人类就通过气球、火箭和卫星把这一波段用于天文学。能量更高的便是伽马射线,包含了几千到几百万电子伏特能量的光子,20 世纪 50 年代才在理论上被提出。

超出人类可见光谱范围的波长是天体物理学家的主要信息源,因为每一个波长范围都提供了关于不同能量范围的信息,这涉及我们宇宙中可观测现象的不同方面:波长很长的电波辐射可以用来观测中性的氢,还可以用来观测脉冲星、黑洞、磁场、尘埃或者自由电子。毫米波辐射，正如红外辐射中隐藏着分子和恒星形成区域的重要信息一样，在可见光和紫外波段，我们不光可以看到行星，还能了解现有化学物质的相关信息。像太阳之类的恒星，以及遥远的活动星系核，它们都会释放X射线，而高能量的宇宙事件则会发射伽马射线，比如大质量恒星坍缩或中子星的合并。

时至今日，天文观测已不仅仅基于不同的波长的电磁辐射，还基于由高能基本粒子和原子核组成的宇宙射线，来理解像超新星爆炸这样的过程。比如发生在太阳内部的核子过程，可通过中微子来观测，比如导致时空振荡的黑洞融合这样巨大的过程，可通过引力波来观测。

2. 在感官之外

由此看来，天文数据的大部分都超出了我们人类所能感知的范围。这一状况跟我们在研究微观宇宙时遇见的情形可以相提并论。在后一种情况下，人类的感知相对来说同样很快就不再发挥作用了。我们曾经听说过，面对感知力失效，就连哲学家也不总能把握其中的奥秘：感觉难道不是最能相信和依赖的吗？不是连接世界的纽带吗？我们如何不被扩大我们感知世界的复杂技术蒙蔽呢？

与观察原子或电子这样的微观物体不同,宇宙物体的尺度至少在理论上看是能够让我们用人类的感官来感知它们的。我们可以相对简单地想象一下:登上一艘宇宙飞船,近距离地对马头星云发出惊叹,或者飞向草帽星系,穿行于它的神秘之美中。如果有天文学家说他们观测到一颗年轻恒星、一个黑洞或一个星系中心,那听起来差不多就像是他们观察过的一只鸟或一片积云。从认识理论上讲,这听起来相当“无害”;至少比起听到固体物理学家汇报说他观测到了裸眼绝对无法看到的电子,天文学家所观测到的听起来绝对要无害得多。尽管如此,在陈述自己的观测情况时,天体物理学家所指跟日常生活中的感知当然还是完全不同的,因为他们的行为建立在复杂的观测技术之上,而不是无足轻重的数据分析。如此说来,在用词上还是要谨慎一些。

施密特先生是已经退休的中微子物理学家,长期致力于太阳内部的观察。

早在1982年,美国哲学家达德利·夏佩尔(Dudley Shapere)就详细分析过这一点。他列举了一个有代表性的例子:对太阳内部的天文观测。在太阳的核心区域,氢会在1500万摄氏度的高温下聚变成氦;没有电磁波从该区域出发抵达地球,因为电磁波无法直接穿透太阳的内层。我们观察太阳时看到的只是光球层上的最外层,它的内部对我们来说是不可见的。但是存在一个直接从太阳最内层接收到的信息载体,这就是在核聚变过程中产生的中微子。中微子是非常轻的基本粒子,它们几乎不跟其他物质发生相互作用,所以基本上可以畅通无阻地穿过太阳的内层。正因为如此,探测中微子也非易事。首次探测成功是在20世纪60年代末,当时使用的是位于地下矿井深处的装满四氯乙烯的巨大储罐。当中微子与液体中含有的氯同位素相互作用,就会产生放射性的氩,之后可以用这种放射性氩来间接探测中微子。

用这种方式的话,确实能观测到太阳内部。或者说,至少天体物理学家在他们发表的论文中是这么宣称的。然而,科学家事实上什么都没看见,我们真能观测到太阳内部吗?我们不应该更准确地说可以利用中微子来了解太阳内部的情况吗?如果他们在这个例子中果真观测到了什么的话,那应该是氩在地下储器中的衰变过程。其他所有信息都是从这个过程中以复杂的方式推导出来的。换句话说,这类观测方式建立在大量背景知识和坚实理论的基础之上的。

而这正是很多哲学家一再感到困扰的地方,也是大家认为感官观察要比利用复杂实验仪器进行观察更为可靠的原因。假如实际观察本身就取决于理论,又如何运用它们来检测那些相同的理论呢?这难道不是陷入了一个危险的循环吗?为了核实这一批判正确与否,夏佩尔试着在其论文里做出努力,更好地解释了天体物理学家所指的"观测"是什么意思,并解释了在中微子观测的哪些地方什么类型的背景知识在发挥作用。

在夏佩尔看来,观测指的是一个过程,具体如下进行:信息由源头发出,直接传输给接收者,之后在接收器中被探测发现。有三个理论与这一过程存在重要关联:第一个是有关信息来源的理论,第二个理论则要能够解释从信息源出发到抵达接收器的途中所发生的情况,第三个理论则围绕探测器展开。就中微子这一案例而言,情况则是如此:在信息来源方面,天体物理学家首先需要一个非常具体的理念,要能描述太阳构造、在太阳内部进行的核反应,以及生成中微子的核反应。在此,数学模型发挥着重要作用。之所以需要信息来源的理论,是为了从观测到的中微子中推导出一些太阳内部的状况。就信息传递而言,起决定作用的信息是,中微子在途中实际上并不受到干扰。而电磁射线的情况常常不一样,为了从抵达的射线中了解到一些有关信息来源的情况,必须知晓的是在传输途中,因为受到跟信息来源毫无关系的其他影响,信息载体发生了怎样的改变。要了解这一点,可不总是那么容易的。最后,对中微子的观测不仅包括掌握探测器理论,还包括对中微子与探测器之间相互作用的了解,以及知晓这一影响发生的可能性,并且还要知道会出现的可能干扰因素。我们必须承认,怀疑论哲学家在这一点上确实有道理:观测的确依赖相当多的科学理论。

尽管如此,按照夏佩尔的观点,我们也不会陷入一个问题循环,因为这里要注意的是一个决定性的细节:借用观测来检验或者开发的理论,跟分析观测结果时用到的理论是不同的(或者说至少应该是不同的)。因此,我们不会先行假定实际上要发现的结果。同时我们可以不依赖这一理论,用其他方法来检验事先假定成立的理论。按照夏佩尔的说法,与“感官的”、视觉观察相比,借用探测器进行的天文观测也没有什么根本不同,因为在后面一种情况下,很多时候也要以生活经验推断所得为前提。

试举刑警工作为例吧，它在很大程度上就立足于感官认识。在一场银行抢劫案发生之后，有个目击者作证说他看到了一个犯罪嫌疑人。他的证据是，犯罪嫌疑人曾经低声叫喊过。这一证词也暗含着不同的前提条件，涉及信息来源、信息传输和信息探测等方面的假定：证人认为，嗓音低沉说明说话者为男性，这证明声音在传输到证人耳朵的路上没有失真；另一角度说明这个证人的听觉没出问题，特别是他并没出现幻听。这些假定很可能不会影响证词的可信度，因为它们给人的感觉并不是那么前后矛盾的。如果在观察时，本来属于证词内容的部分已经在发挥作用，那么只有在这种情况下，才会出现问题。比方说，这个证人之前在报纸上看到过相关报道，知道有名男子犯下了抢劫银行连环案，于是证人不自觉地被误导了，错把他听到的低沉女声当成了男声。这种“理论上的”假定模式为观察奠定了基础，还可能会引发循环论证，因此，不管是刑事警察还是天体物理学家，都必须特别小心。

观测需要信息来源、信息传输和信息探测作为前提条件，这一事实似乎有着相当大的普遍性。最终，夏佩尔用这一点证实了天体物理学家以下习惯的正当性：对宇宙信息载体进行探测和分析的复杂过程，他们随随便便用一句话“我们观测了 XY”就概括了。只是有一点比较重要，即记住“观察”这个概念可以用于两个层面——感官层面和更具普遍意义的层面，后者的中心问题关乎对这个世界的、以实证为基础的知识获取。天体物理学家在谈到观察时，通常指的是第二个层面，而不是第一个。

以上所述实际上就是个普遍意义上的误解，在出现媒体轰动效应的时候,这一点一再引人注意。而引起轰动的原因是,在风行的天文学照片上,天体呈现出来的画面常常“跟它们实际看上去的那样完全不同”——比如说,可见光谱之外的波段通过光学颜色呈现出来的情况就是这样。当然,正如上文所述,产生这样一种印象也可想可知,原则上我们也可以用肉眼来观测宇宙,但因为缺少合适的太空航行旅游项目,天体物理学家的工作就是以“照片”的形式为我们展现这些印象。但不能忘记的是,宇宙观测以复杂技术为基础,在天体物理学家为了认识宇宙属性而处理的数据中,视觉上的宇宙只占极小部分。

3.望远镜——如果取决于大小的话

完全不同的信息载体接收来自宇宙里的各种信息,由此就生成了天文数据。这些载体包括有着不同波长的电磁辐射,从 X 射线到无线电波长、中微子、宇宙射线和引力波。从每个单一的信息载体中,都可以了解一点相关的宇宙现象和过程。然而,是什么决定了天文观测的质量呢?又是什么使得现代望远镜的性能比我们一二十年前使用的望远镜优良得多呢?

显著的因素可能在于角分辨率[①],它随着时间推移一再得到改善。这一发展从数码相机上就能得到了解:用于覆盖照片的像素越高,照片就越发显得清晰,因此在照片上能看到的细节部分也就越多。假如一张脸被唯一一个像素覆盖,所能看到的就只是一个有着跟皮肤相同颜色的斑点。为了辨认出人像到底是谁,就必须把像素增加到可以看出个体细节的程度。照相机像素成像的部分,在天文学中对应于太空中的一块区域,从那里射线被发射出来,最后被记录在望远镜探测器中。这块区域的面积有多大,在本质上取决于望远镜的大小和观测时使用的波长。望远镜越大,波长越短,所观察到的天体区域也就越小。因此,为了达到相同的角分辨率,像位于波恩附近的埃费尔斯贝格口径为100米那样的射电望远镜,肯定会比光学望远镜大得多。自2016年以来,世界最大射电望远镜的桂冠被中国的FAST[②]望远镜摘取,它建在贵州省某处的喀斯特洼坑之中,口径为500米。该望远镜体积庞大,让人无法对它进行自由移动和改造。体积最大、可自由移动的望远镜隶属美国的绿岸天文台,其口径为100米×110米。之所以需要移动单体望远镜,是因为本质上它们是单像素相机。如果想得到一张真正的二维图像,就必须用望远镜来扫描太空中的相应区域。若望远镜无法移动的话,虽然也可以利用地球自转来进行扫描,并通过改变天线形状在某种程度上影响望远镜的观测方向,但是跟可以自由移动的望远镜相比,观测者所能见到的太空视野范围自然有限得多。

---

① 一种用于描述光学设备性能的单位。理解角分辨率的重要性是理解天文观测的关键。较高的角分辨率意味着更清晰的图像和更清晰的观测结果。——编者注

② 500米口径球面射电望远镜(Five-hundred-meter Aperture Spherical Telescope),又被称为“中国天眼”,位于贵州省平塘县。——编者注

显然,望远镜的通光口径(直径)大小也会限制太空观测距离的远近。但也有策略可以规避这个限制:把不同的望远镜联结在一起,模拟出一个大型望远镜,其通光口径大小和分辨率跟联合起来的所有望远镜的最大间距相当。这样一个由多个望远镜组成的阵列被称为干涉望远镜阵列,我本人在观测恒星胚胎时也用到了这个装置。因为没有探测到在各个望远镜之间抵达的射线,相应的信息也就缺失了。尽管通过干涉望远镜阵列可以获得非常清晰的照片,但这就好比相机有单独的捕捉图像失败的情况。为了填补这些空缺,虽然有一些复杂的技术手段,但最终在某些观测方面,必须要进行合理的推测或插值来获得高清数据。在解释相关数据的时候,作为天文学家必须时刻牢记上述事实,以免把不存在于数据中的东西解读进去。

限制视觉观察角分辨率的一大因素是大气。望远镜上方空气的移动限制了可以达到的最大分辨率为百分之一弧度,它比冥王星的表面大小要小 10 倍。如果用肉眼来观察星空,就可以看到下述现象:恒星看起来一闪一闪,是因为它们的光亮受到了大气的干扰。一定程度上,可以实时调查望远镜表面来补偿大气的影响,但使用卫星,如哈勃或盖亚那样的空间望远镜,可以获得光学波长范围内最清晰的图像。

还有一个因素对观测数据质量起决定作用,那就是观测工具的灵敏度:信息源到底能微弱到什么程度,让它即便如此也能被人观测得到? 观测数据的这一特性跟角分辨率之间存在关联。在太空中,观测者接收射线的区域越大,通常情况下也就能接收到越多的射线,只要信息源也相应够多。但这一依赖性并没有特别大的决定作用,因为观测的灵敏度可以直接通过以下方式提高,即更长时间的观察,在更长时间范围内"收集"光子。前面提到的哈勃深空望远镜观测之所以能让人看到宇宙的深处,并发现难以置信的远方星系,其原因也正是如此:所长罗伯特·威廉姆斯慷慨地投入了自己的"所长自由支配时间",让哈勃太空望远镜在四个不同的波长下,对着同一太空区域分别观察30到45个小时。"慷慨"在这里也完全可以说是经济层面上的,因为仅仅按照哈勃望远镜建造和运营的财政投入来计算,花在大型望远镜上的观测时间就已经弥足宝贵了。如果把望远镜和工具开发的费用连同运行费用折合成可用的观测时间,位于夏威夷的美国凯克望远镜一个夜晚就值5.5万美金,这是美国国家光学天文台在其官网上预算出来的。对现代天文台来说,每晚产生的费用可能还要高得多。

天文观测的另一特性是其光谱分辨率:哪些波长可以被分开并分别检测?如果想要检测光谱线,或者是借助多普勒效应,即利用移动信号源范围内波长的频率变化,来测量波源的速度,那么光谱分辨率这一特性就显得尤为重要。而对光谱分辨率起决定作用的,就是探测器技术。在观察像脉冲星或是超新星爆炸这样的现象时,它们发出的辐射会随时间变化。这时观测的时间分辨率也对其科学效用起着作用。在数据中,我们可以在分解出信息源的时间演化方面精细到什么程度?最后还有一个参数定义了观测的特征,它跟电磁波的属性有关。电磁波有一个偏振方向,跟其传播方向垂直。而偏振方向也可能包含一些信息,比方说存在于信息源外的磁场信息。从这个意义上说,天文观测的另外一个特性是,它是否能够记录这一偏振,如果可以,又是哪一个。

若要描述天文观察的特性,就必须对以下各个方面做出说明:从哪个信息载体中得到了数据?这一信息载体有着什么样的能量(或者就光子而言,有着什么样的波长)?观测有着什么样的角分辨率?数据有着什么样的灵敏度?又有什么样的光谱分辨率?存在什么样的时间分辨率?在电磁辐射的情况下,检测到了哪个偏振方向?

ooo

我父亲可能正看着我在智利拍的照片,那上面的天空湛蓝得刺眼,看不到任何其他东西,于是他很惊讶地问道:"准确地说,天气到底起着什么样的作用?在智利的阿卡塔玛沙漠,反正天气从来不会是多云。你甚至都没讲过,那里不就是地球上最干燥的地方吗?"

"对啊。但正如我前面说过的一样,因为银河系中心里的尘埃,我们在可见光波段无法观测到黑洞。因此我们会转向波长较长、约为一毫米的波段,它们可以穿透尘埃。但这样一来,也会出现另一个问题,就是大气中的水会遮盖射线。所以需要有一座山,让光只需穿过少量大气,最好是有一片非常干燥的区域,由此可以同时保证空气中的水含量较低。"

"对为了观测黑洞而连接起来的所有望远镜来说,情况都是这样吗?"

“是的。但我们还要求望远镜所在的任何地方同时都有好天气,这一点让整件事变得有点困难。”

“但我该如何准确想象这件事呢?科学家把所有的望远镜连在一起,然后就生成了一张照片,就好像日常生活中照相那样?”

“不是,那可要复杂得多。最后只是模拟出来一台地球般大小的望远镜,而不是说真的会出现一台体积那么大的望远镜,否则的话,整个地球表面就该被望远镜的球面塞满了。”

“这是什么意思呢?”

“意思是,如果某个地方没有架起望远镜的话,当地就接收不到抵达该地的信息。也就是说,拍摄到的照片是不完整的。由此就必须动用复杂的电脑算法,来补充缺失的信息,究其目的,也就是从现有的数据中计算得知信号源可能的样子。”

“怎样计算呢?人们对所见的压根就不确定啊!”

“的确存在不确定因素。必须好好检验各种算法程序,并逐一尝试数据分析的不同途径后,才能较好地把控不确定因素。”

“这个现在对我来说太抽象了,我无法想象。”

“嗯,不管怎样,确定数据分析中会做哪些假设,这是至关重要的。首先要避免让自己的期望影响实际观测所见。但这一点可以较好掌控。”

“如果你认为是这样的话,那我相信。”

“无论如何,数据的质量肯定也是越来越好的。就这一点来说,我们还会再次遇到以下情况:如果真的出现了差错,那么迟早都会出现不一致的情形,比方说在其他观测下看到的是另外一番情况,那就必须重新彻底检查一遍。”

“但是,如果现在连接而成的望远镜已经达到了地球般的大小,那也就绝不可能再大了。到某个时候,观测质量也就再也无法进一步提高了。”

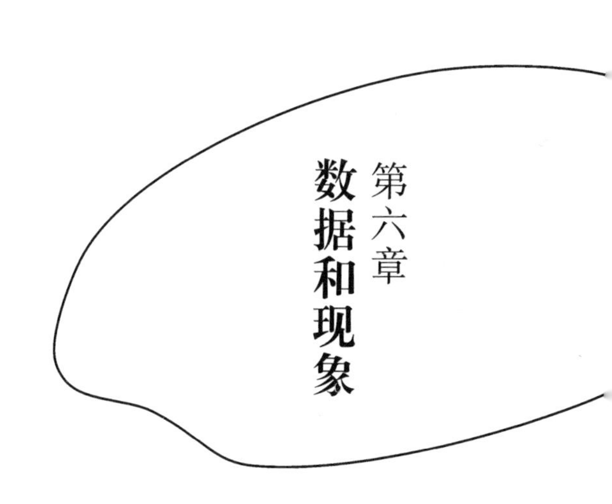

第六章 数据和现象

1. 一张宇宙的卡片

为了完整地描述天文观测,需要以下七个参数:信息载体,载体的能量或者波长,灵敏度,观测的光谱分辨率,时间分辨率,如果是电磁波还涉及其偏振。技术上的进步尤其体现在角分辨率、灵敏度和光谱分辨率的优化方面。只要投入越来越多的时间和金钱,天文观测就能变得越来越先进吗?这一进步会不会受到根本性的限制?或者就像我妈妈的反应一样——她在新闻里听到要在智利境内的安第斯山脉计划建造一台体积更大的新望远镜,第一句话就是"你们天文学家啥时候都不会停歇的呀,你们想观测的不都全部观测完了吗?"

早在1981年,天文学家马丁·哈威特就提出过这个问题:在全世界范围内,我们目前对宇宙的观测发展到了什么水平?或者换个说法,如果我们发现完所有的宇宙现象,这样一来新的观测就不能给我们带来任何全新的东西,而仅仅是让我们已有的认识进一步精细化吗?

提出这个问题的时候,哈威特脑子里想的是,天文学跟地理学有着相似的命运。很长一段时间,地球上还存在着很多人迹罕至的地方。特别是在15、16世纪,人们可以迅速成为发现者,只要到地球上某个之前无人(至少是没有欧洲人)造访的地区走一遭即可。这样的区域在今天已经不复存在。虽然我们并不一定认识每一粒沙或每一滴水,但今天要去发现一座新的大山或一片新的海洋,可能性还是微乎其微的。最晚到利用人造卫星开始对地球进行全面测绘工作,我们就不再期望会出现什么全新的发现和巨大的奇观。我们什么时候可能会进入这种波平不惊的状态,这本身就不值得大惊小怪。毕竟地球是个(渐趋平缓的)球体,其表面面积有限,约5亿平方千米的面积整整有71%被海洋覆盖。这意味着,按照现有的世界人口来算,每平方千米的陆地面积让50个人来仔细探测的话,我们对整个地球的勘探工作就可以完成。事实上,对深海的全方位测绘从来都是另一番模样,相关工作我们直到今天才逐渐展开。但该领域的任务至少也是一目了然的,即便对技术细节的要求很高。

相比之下,对宇宙的探测要复杂得多:鉴于宇宙的浩渺不可想象,乍看上去,我们相对而言没有机会穷尽对它的考察。当然,如果要遨游整个宇宙进行探测,这本来就是一件不可能的事。但我们对宇宙的观测可以达到什么样的程度?对这一问题的回答,可以追溯到那几个描述天文观测特征的参数。从理论上说,我们有可能找到越来越多新的信息载体,比如2016年发现的引力波。我们也有可能不受限制,不断提高天文观测的质量。进行观测的天文学家可能永远都不会失业,随着技术的进步,他们可能会对越来越多的宇宙区域开展更高质量的观测。而我们正处于这一境况之中吗?马丁·哈威特的回答是否定的。

按照我们对宇宙的所有理论认识来看,可能存在的信息载体数量是有限的,有光子、中微子、类似流星和陨石的宇宙固体,还有能从太空出发抵达地球的宇宙射线和引力波。要说除此之外还存在其他信息载体，可能性是很小的，假如物理学理论不是完全弄错了的话。毕竟这些理论准确规定了世界上存在着四种基本力(即引力、电磁力、弱核力和强核力)，以及这些力可能对信息传递起到什么作用。利用以上所述的五种信息载体，我们是否至少可以一再探测到新的波长或者能量区，从而获悉有关宇宙更为广阔区域的信息呢？

遗憾的是，抵达地球的信息载体的能量也是有限的。就拿电磁波来说吧，这个我们为了认识宇宙迄今利用最多的信息载体，只能在一个中等能量区接收得到。超过三千米的波长会被星际介质吸收，极短的波长，也就是高能量的伽马射线，则会在与宇宙背景辐射发生相互作用时被消灭。类似的情况也发生在宇宙射线身上，在能量低的时候，它们会被太阳风[①]阻碍进入太阳系，一旦能量高了，也会在与宇宙背景辐射发生相互作用的时候遭到破坏。由此仅仅存在和具备有限数量的信息载体和能量值，但是也许人们至少可以不断提升观测质量？

但这也不是事实。决定性的一点是，其他所有定义观测的参数，各自也只具备有限的可能性数值。就光谱和时间分辨率而言，其原因之一在于“不确定性原理”引发的各种限制。而就空间分辨率来说，则要归因于无法随心所欲地建造无限大的望远镜。此外还存在其他实际操作层面的、源于我们所观测对象的特征和复杂性的限制，也会让我们某个时候不得不直面观测的局限性。以上所述，让我们得出一个惊人的

① 从太阳上层大气射出的超声速等离子体带电粒子流。得益于地球的磁场保护，太阳风无法破坏人类生命。——编者注

结论:根据哈威特的看法,在一个给定的时间段内,所有可能性天文观测的总数是有限的,照此来看,情况就跟我们对地球表面的勘探差不多。因此,在某个时刻,在某个方位上,我们可以进行所有可能的天文观测,由此穷尽对太空的考察,这一点原则上是可能的。

当然我们也可以提出异议,声称即便如同上文所述,也没有真正完成对宇宙的全面观测,因为所有那些观测必须在世界历史的每一个时间点进行。但假设宇宙是同质且均匀的,也就是说在各个地方、各个方向上都是各向同性[①]的,那么我们就不会看到什么真正新的现象。在生成所有可能性能量、也许产生所有可能性偏振方向的时候,同时也是在灵敏度达到最大值以及可能性的空间、时间和光谱分辨率最大的情况下,假如我们把所有的信息载体记录下来,确实也就足够。接下来我们就获得了所需的一切数据,天体物理学也就像地理学一样,屈服于相同的命运了。20 世纪 80 年代,哈威特已经估计到了这一基本形势的出现,断言到那个时候,所有可以进行的电磁波观测已经完成了 5%左右,涉及五种信息载体的话,则有大约 1%的所有可以进行的天文观测已经成为过去。30 多年以后的今日,以上数值或许已经翻倍了。这意味着,总还是有一些观测任务等着我们去完成。我妈妈可以放心了:至少她女儿不会为天文观测工作画上句号。

① 宇宙从各个方向看是相同的。——编者注

2. 很快我们就可以认识全部宇宙现象?

由此来看,哈威特问题的第二个部分仍未回答:在我们开展所有可能“观测”的很久以前,有没有可能我们就已经发现了宇宙的一切“现象”呢? 要认识地球上存在一定数量的气候区和地貌类型,我们也不一定就要了解每一粒沙或每一滴水。也许我们目前只观察到了占已知的宇宙空间几个百分点的区域,但尚未了解所有的太空现象。按照物理定律来说,一旦认识了一个分子云、一颗超新星或一个螺旋星系,就会了解一切。

但针对以上提问,哈威特也给出了答案。首先当然是要澄清,什么属于独立的太空现象。比如说,比之历史稍微长一点的1类原恒星,0类原恒星是另外一种现象吗? 如果存在传统分类的混合形式,又有多少不同种类的星系呢? 哈威特以实用的方式来处理这个问题。根据他的定义,如果至少有一个观察特征的区分幅度为1000,就可以判定是两个不同的现象。举个例子来说,开放星团包括100到1000颗星,而球状星团则由10万到100万颗星组成。依据哈威特的定义,以上两个星团就属于不同的天文现象。按照这样的计算方法,哈威特得出结论,共有43种已知的宇宙现象。有些现象不光是被发现了一次,而且是通过彼此毫无关联的不同路径发现得来,比方说一次是借助可见光段,另一次是通过无线电波段。

哈威特利用上述事实,目的是获取有关宇宙现象总数的信息。他的论点可以借用收集足球贴纸的例子来解释清楚。刚开始收集时,未收集到新贴纸的可能性还很高。收集时间越长,重复得到同一贴纸的可能性也就越大。但之所以会出现这种情况,仅仅是因为不同贴纸的数量并非无限,否则的话,几乎就没有可能碰到一个自己已经收集到的贴纸。不同主题贴纸的数量越少,就会越早出现收集到重复主题贴纸的问题。如果贴纸主题涉及德国国家足球队,那么平均来说,首张重复贴纸的出现就要比主题为冠军联赛所有球员的早得多。在宇宙现象里,重复的贴纸就相当于用不同方式发现的同一现象。举个例子,木星是 1955 年借用无线电波段意外观察到的,而自几千年来人类就已经用肉眼认识了它。

类比这一例子,哈威特可以推导出一个统计学意义上的公式,从单次发现和多次发现的宇宙现象的数量,可以计算出太空里所有现象的数目。在他识别出的 43 种宇宙现象里,有 7 种是被再次发现过的,也就是借助不同的信息渠道、互不依赖地多次发现得来的。按照哈威特的统计方法,他由此推算出宇宙里存在着 123 种现象,其中 1981 年已知的占三分之一。考虑到可能还会存在一些原则上只能通过唯一信息渠道显示出来的宇宙现象(类比仅仅印刷过一次的主题贴纸),其总数可能会上升到 500 以上。

用这一算法乐观推算一下,可以得出结论:在 1981 年,所有宇宙现象中超过三分之一可能都已经被人类发现了。要发现剩下的现象,还需要多久呢?这里可以先看一下地理学领域的地球勘探是怎么进行的。观察一下每年地理发现的数量,可以得到一个钟状曲线的模型:发现的数量先是急剧上升,因为地球唤起了人们巨大的兴趣,新的理念和工具被开发出来;最后还未被发现的地理现象的数量剧烈下降,由此发现频率也相应降低,大家对地理发现的兴趣也随之减弱。如果这样一个发展过程适用于天文学,那么根据哈威特的观点,到2200年,会有约90%的宇宙现象为人所知。然而,如果把美国国家航空航天局科学历史学家斯蒂文·J.迪克(Steven J. Dick)的统计作为参照,今天我们取得的成绩已经落在哈威特预测的后面。迪克统计得出,2013年发现了82种宇宙现象;而按照哈威特的推算,人类应该已经能够发现90～100种。后文我们还要回到统计这个话题上来,但这会儿值得先去仔细了解一下哈威特的第一个理念:宇宙数据的全面采集。

3. 虚拟天文台

哈威特认为,我们只要采取逐块观测的方式观测完所有可能产生天文现象的区域,就可以成体系地发现宇宙;这一想法得到了很多天文学家的赞同。在进行天文观测并利用其结果的传统方式下,最糟糕的话,个人申请得来的数据只会留在私人硬盘中无人知晓;情况好一点,会进入各台望远镜的数据库。因此,就实现系统观测宇宙的目标而言,传统方式并非真有效率。在观测者试着从同事或天文台那里辛苦地寻找必需的数据之前,经常发生的情况是,重新申请质量可能更高的数据反倒容易一些,尽管已存在的数据可能已经可供所需用途。为了从一开始就避免这样的情况以及相应的重复观测,自 20 世纪 90 年代末以来,科学家就有了如下想法:把天文观测结果收集起来,储存在开放数据库的中心,方便公众使用。

设置这样一个“虚拟天文台”原则上是希望每一个拥有联网条件的人都可以研究天文学。可能只要简单地输入自己感兴趣的天体坐标,就会得到在这个方位上已经完成的所有观测的列表。接下来,就可以进行对比,进而在获取全面数据的基础上,了解天体物理学的发展近况。鉴于今日生成的数据数量巨大,要在面向公众开放的情况下,穷尽一切科学分析而不至于浪费数据,将所有观测系统性地公之于众,看起来几乎就是唯一途径。NASA 和美国国家科学基金会共同开发的试验性的虚拟天文台,就把以上计划比作元搜索引擎,搜索界面调取所有现存档案,不再需要从各个地方调取望远镜的数据资料。

这样一个巨大的项目,实际操作起来当然绝不简单。一方面,数据的提供从政治上来说是一个极其敏感的问题,毕竟工作效率极高的天文台总会谋求国家和机构的利益。让世界上所有的天文学家齐心协力地工作,这可能乍听上去是一个雄心勃勃的任务,不管藏在任务之后的科学目标有多么崇高。问题还不光是政治性质的,纯粹技术层面也存在大量挑战,而且,每台望远镜的运作形式各不相同。由此一来,一台望远镜生成的数据通常跟其他望远镜的数据有着不同格式,最后数据在每台望远镜里的处理和贮存方式也各不相同。

如果曾经负责在大型家庭聚会场合收集所有照片，并将它们整理好分发给所有家庭成员，也许就能设身处地地理解上述问题。在天文学研究中，不管出于什么原因，有些专家都会把照片存储为传统的Windows操作系统中的图像格式，而自己的电脑则无法读取；有些专家上传的照片，其分辨率要么太高，要么太低；还有些专家会用奇奇怪怪的名字给照片命名，仅从文件名根本不可能推断出主题分类。最后，如果还有亲戚询问，可否为所有照片提供一大一小两个版本，到这个时候，整理照片的工作可能才算是把那个好心好意的自愿者逼疯了。

在出现许多不同的望远镜和无法想象的大量数据（其内部结构可能也迥然不同）的情况下，如果想要实现相应的目标，事先就要考虑制订一个确有效果的策略，以便能在统一形式下处理数据，不然就会陷入混乱之中。然而，数据形式越是普遍化，也就是说，正如数据储存在数据库中一样，其形式越能兼顾数据的个体差别，通用的形式就越复杂，数据也就越不实用。在最糟糕的情况下，某个时候使用者会再次觉得，寻找个人的望远镜数据库更为简单，而不会动用复杂的、更高级的数据库。最终，以上所述都跟一个更为深入的问题有关，它就本质来说是个哲学问题，早在1988年就由科学哲学家吉姆·博根（Jim Bogen）和詹姆士·伍德沃德（James Woodward）提出讨论。

4. 给原始数据披上情境的外衣

众所周知，我们生活在一个数据时代。数据是社会、政治和经济世界运作的原材料，也为它们提供信息技术参数。数据随时随地都会产生，并可以储存和分析。我们会在网络上留下数据痕迹，在云平台上备份数据确保安全，并带着智能手机里储存的海量数据四处游走。尤其值得一提的是，科学项目在今日也成为巨大的数据工厂。比方说，在南非和澳大利亚计划建立的“平方公里阵列”(SKA)每天都会生成大量还未进一步加工的初始数据，其容量可以填满1500万个64千兆字节的数字音乐播放器。今天，科学已是系统而客观的数据生产和数据解释。真理就藏在数据之中，相应地，科学家的工作就是采集数据，以推进发现真理的过程。简单来说，其做法就是建立理论，然后将理论预测与数据进行对比。就天体物理而言，则是借助如下方式：科学家为特定宇宙现象提出提供解释的命题，从中推导出“铁证观测”(smoking gun observations)，然后用采集到的数据来检验那些命题。但事实果真如此吗？

早在1988年，在一篇发表后就被大量引用的文章中，吉姆·博根和詹姆士·伍德沃德声称，以上想法是完全错误的。根据他们的观点，科学理论之所以不能跟数据相提并论，是因为科学理论根本就没有解释跟数据相关的任何问题。为了理解这一点，必须准确了解科学数据是如何得来的。博根和伍德沃德举例描述了一个用来确定铅的熔点的实验。每一个物理学习者，某个时候肯定都会遭受这个或者其他类似实验的折磨：加热一块铅样品，用温度计测定其温度，一旦铅开始熔化，就立即读取温度值。所谓的"折磨"是这样产生的：实验程序进行一次当然是不够的，因为读取温度计的时刻可能早或晚了一点。另外，读取的温度值常常跟向上或向下看温度计刻度的角度关系最小，还有可能铅样品中的温度分布也不统一。或者是因为别的地方出了差错，而实验人员在测量过程中压根不知道这一点原来可能出错。我们不能认为通过单次测量就可以得知铅的实际熔点，尽管每次测量都得出了高质量的数据。要想准确得出铅的熔点，唯一的途径是，想办法从数据中计算出此类干扰因素。

在熔点测量过程中，可以做出这样一个假设，即稍早读取温度值的频率跟稍晚读取的是一样的，因此可以取许多测量结果的平均值，以此来消除这一读取误差。然而，假如不知道这个平均值可以相信的准确程度，其价值也是有限的。计算其精确度需要统计学的知识，借此可以确定标准偏差和误差范围。但仅有统计学也是不够的，另外还需要较好地理解整个实验设计，因为只有如此，才能知道到底可能存在哪些错误根源，又有哪些因素在数据生产方面曾经发挥了潜在作用。最后，还存在一些无法通过计算平均值来消除的错误，比方说温度计原则上需要一定时间来对实验温度做出反应。

在原始数据已经足够让人了解特定现象的完美世界里，数据可能就只受制于这一现象,而不会受到其他现象的影响。很遗憾,事实并非如此,原始数据里最初就隐藏着许多有关实验本身的信息,比学者感兴趣的现象的相关信息丰富得多。一个科学理论,比如说关于铅熔点的理论或者相对论,起初并未对可能要进行的实验做出任何说明。比如说吧,对实验室温度计的准确度,或者初级实习生读取仪器的天分,理论未作任何说明。根据博根和伍德沃德的看法,这就是无法把科学理论与科学数据进行直接对比的原因。只要从数据中抽掉这一特定实验的所有影响,直接对比就成为可能。只有进行到以下步骤,即对记录下来的、长达几页的测量数据进行一番经常是复杂的数据解析和错误分析,并得出一个提炼过的测量数据("测量出来的熔点是 327.5 ± 0.1℃"),这时方才可以将此数值与理论进行对比。与原始测量数据不同的是,这个数值只能说明一种现象,即便我们不知道哪个特定实验产生了这一数值,也能理解它。

这一切是多么微不足道,每一个曾在实验室里逗留过、试着重复进行实验的人,对此都有切身体会。我那年事已高的哲学教授喜欢开玩笑地说,所有物理学定律每天都会被大学基础实验室里的学生反驳。从这个意义上说,被人天真地理解的波普尔理论的指导原则——"科学理论只有不被否定,才是有效的"——就有点片面了。我必须承认的是:我本人也有一两次参与到了这个反驳过程之中(最不寻常的结果出现在我的物理学高级阶段实习范围内的实验中,它们产生于对激发出来的铯原子生命周期的测定,而最后归因于物理系大楼下面穿行的地铁的干扰影响,是这一因素导致利用的激光频率降低)。物理系学生通过日常实验驳斥了通行的物理学理论,但这并不意味着理论是错误的,其原因正在于数据与现象之间的区别:数据存在各种错误,包含着其生产背景的影响,就此而论,如果不进一步加工,数据对科学研究并无意义。我的数据可以断定,在正常压力下,水会在150℃时开始沸腾。但如果这只是我温度计的特性及其效用干扰所致,那么这些数据就没有对“水的沸点”这一现象做出任何说明,它们说明的只是我的实验设备。我们这些科学家感兴趣的却是现象,即通过实证研究得出的结论,里面已经“清除”了个别实验中的偶然因素。如果使用一个颇有争议的哲学概念——“真理”,它就仅仅以非常间接的方式存在于数据之中;如果这是既成事实的话,真理就寓于从数据推断而出的现象之中。

之前我们在探讨科学理论的欠定性时,就已经接触过这一点:有越来越多的理论,原则上可以解释相同的实际观察。一个确定的实验结果可以显示被检验的理论是否站得住脚,或者表明干扰因素存在与否,以及判断关乎实验设计、与理论本身毫不相干的附带假设是否成立。正如我们所见,通过深入探究干扰因素的影响,可以找到一些与不确定因素打交道的策略。但对我们而言,决定性因素在于,如果不能全面了解数据是如何产生的话,它们就没有价值。如果我拿到一个装有数据的硬盘,而不知道这些数据的准确度如何,不了解哪些干扰影响已经得以更正,哪些没有,也不明白生成这些数据的实验到底是什么样的,那么我就无法理解这些数据,也不能利用它们来开展研究。

尽管如此,还是普遍存在这样一种顽固的观念,认为原始数据可以最好、最不受干扰地再现事实,而且这一观念还广泛传播到了科学研究领域以外。我个人最喜欢的实例来自科学数据新闻业,它暗示即便是开展最简单的实验,为了便于理解,也迫切需要数据生产的相关信息。这一行业的主导理念认为,数据是对本身最好的说明。因此对新闻业来说，完全不该在数据上再添油加醋，因为只要数据的呈现足够直观而有吸引力，读者就可以直接推断得出真理。这可能在很多必须进行解释的情况下都是如此，尤其是围绕社会或政治现实主题的时候。在谈及科学主题的时候，对所述现象的感知也许就体现得不那么突出，对纯粹数据的解释有时候可能就不会带来启迪，相反还会引发混乱。

5. 陨石和我们

2013年，英国《卫报》在其《数据博客》栏目，用一张黑色地图发布了地球上所有已知的陨石撞击坑洞。在生成的高精度地图上，用黄点标识出了坑洞所在的位置。引人注目的是，在人口密集的发达国家，撞击坑洞的分布也极其密集；而在其他发达或欠发达国家和地区，尤其是在加拿大、俄罗斯以及非洲和南美的部分地区，很大范围内是看不见任何坑洞的。尽管地图上方的简短导语提醒我们，地图仅仅展示出了已知的撞击坑洞(这其实没必要说明)，但正如地图下方的读者评论揭示的那样，以上提示信息仍然无法避免读者对数据做出错误解释。“太可怕了，陨石真的不喜欢水，看来人类最安全的处所位于海洋上方，”一位读者从数据中得出这个结论。另外一位读者则惊叹道：“居然没有陨石坠入海中！”又有一位读者对数据发出抱怨：“我觉得这张地图有点让人迷惑不解。陨石落到哪里，也许完全出于偶然，但这张地图则显示出那并非偶然。”

如果我们认为,这些数据包含的信息跟天文现象(在此就是陨石)一一对应,就绝对可以理解上述困惑。如果这些数据展示了有关陨石的事实,海洋中不存在陨石坑洞这一现象就成为一个不折不扣的谜团了。但是,正如我们看到的一样,数据中包含的跟其产生方式相关的信息,至少跟我们感兴趣的现象的相关信息一样多。在上述情形中,所包含的信息就是:仅在那些曾有观察者涉足的地方,才会产生相关数据。用学术语言来表达就是:卡片上黄点反映的,与其说是陨石撞击地球的频率(一如人们基于标题“每颗落在地球上的陨石的分布地图”所预期的那样),不如说是人口密度。从这个角度而言,科学家的任务就不光是采集数据并把它们与理论进行对比。在更大程度上,他们的工作是采集数据,尽可能消除其中实验的特定影响以及干扰因素,量化数据的准确度和可靠性,再对数据进行理论解释。科学社会学家和物理学家阿兰·富兰克林(Allan Flanklin),他本人也曾对科学家在这方面的行动做过大量研究,曾经表述如下:“科学数据的生成是桩简单的事,但要生成优质的科学数据,则是有难度的。”相对而言,获取数据常常是容易的,让人付出最多心血的是数据处理。

6. 对宇宙的假设

作为科学数据的使用者,通常我们得到从望远镜发送回来的天文数据之时,就已经对数据进行过第一轮处理了。此时数据发生了什么情况,当然既取决于望远镜,也跟围绕望远镜的特定数据政策有关。数据处理的首要步骤包括,考虑天气和大气的影响,删除错误数据,并对现有数据进行校准,也就是说,把测定的信号用“标准”计量单位表达出来。为此就必须了解,望远镜能在何种效度上接收来自各个方向的信号,望远镜接收器又是怎样将抵达的射线转换成测定的物理数值,比方说压力脉冲。接下来,我们就会在数据使用上更进一步,目的是辨别并剔除错误的观测,在必要情况下对数据做出校准,寻找系统性的错误,并在可能情况下做出修正。

比方说,有一个校准天文数据的方法是,在观测期间,定期将望远镜摇摆到一个预期接收不到信号的位置。由此,可以将对信号源的观测与反映纯粹观测技术影响的“黑暗”观测进行对比。如果参照位置并非真正处于黑暗之中，而是自身也会发射信号，那么数据中就会出现亟待修改的错误。接着就可以看到，望远镜对所测定的信号源强度的影响，似乎比事实上的要大。这一错误可以通过它引发的结果看出，就影响而言，信号源被修正的力度过大，在某些地方成了负值。然而，信号原则上说本来就有可能是负值，原因是射线被位于信号源和观察者之间的宇宙物质吸收。接下来，数据使用者就必须试着发现，负辐射的产生是否由该宇宙现象所致，还是说更多地归因于信号补偿参数不佳。

正因如此，数据处理，或者按天文学家的话来说叫作“数据精简”，对业务观测的使用者来说，是需要有些经验的。为了能够辨别数据中可能存在的问题，就必须清楚地知道期待的究竟是什么样的数据。要获得这一认识，尤其可以通过如下方式进行：精简数据，摆弄数据，查看数据的不同呈现，保证身边总有熟悉相应望远镜及其数据的同事，以便有疑问时求教。此外，还为每台大型望远镜开发出自己处理相关数据的软件，软件的相关操作则在讨论会或者暑期课堂上传授给各位学者。我们越是深入了解数据及其产生的细节，就越能从中获取更多有关天体的信息。相应地，进行观测活动的天体物理学家会投入大部分工作时间来筛选数据。那些尤其需要较大耐心的工作步骤，比方说全盘浏览以找到错误数据，经常都会转交给包括博士生在内的学生来做，他们也可以借此培养并改善对数据的感知能力。

当然，在精简数据，也就是处理和操控数据的过程中，至关重要的是，认真记录下出于何种原因对数据做了什么样的处理，如果还想将整个过程从头再来一遍的话，最好是复制一份原始数据存档。令人惊异的是,从前的那个“我”可能显得如此陌生:“两个月前,我真的把这个因子与数据做过乘法吗?为什么要再来一遍呢?为何我那时没有把基础公式写下来啊?”要防止以上时刻的出现,唯一的方法就是在精简数据的过程中切实记下每一点思考,即便相关想法在现时那一刻显得如此不言而喻。在紧急情况下就从头开始、再来一遍,不过谢天谢地,因为之前做好了记录,有了保障。

原始数据的保障并非总能实现。在卫星观测的情况下,首批数据筛选步骤已经在飞机上进行,出于技术原因,只有那些已经事先处理过的数据才会发回地球。在这样的情况下,数据使用者完全无法触及最原始的数据。而在数据库里的数据存档这一环节,也会出现问题,即在什么地方把数据提供给使用者。如果使用者不想探究望远镜的技术细节,那么他感兴趣的就是那些在很大程度上先行加工过的数据。因为使用者缺失有关望远镜和数据特殊性质的信息,数据可能会被错误使用,要避免这一风险的话,事先精简数据的做法也值得推荐。如果使用者想采取偏离标准的方式来使用数据,或者他想自行改变或者检验数据加工管道的步骤,那么他需要的就是相对没怎么加工的数据。数据加工得越少,一般而言数据总量也就越大,而这又会加大数据处理的难度。

跟天文数据处理相关的以上各个方面,在哈威特的书里并没有全部涉及。如果想把天文数据处理这一实际操作融入对天文观测有限性的探究之中,那么可以确定的是,一切都会变得复杂很多,而梦想对我们所能进入的宇宙进行全面观测,则显得太不切实际了。有一种观点认为,可以在各个方向、以尽可能高的分辨率探测到含有所有能量的一切信息载体,然后就一劳永逸,不过这一想法忽略了人的作用。数据处理总是建立在猜测的基础之上,对技术、数据本身以及对宇宙的猜测。有时候猜测的对象也会发生变化,我们可以突然从中解读出不同的数据,并从中获取更多信息。天文学家不是宇宙信号的被动接收者。从数据中提炼出有关宇宙的知识,要求有经验和知识的储备,尤其是要有创意。

同时也该意识到,只要我们带着总有点什么跟当下相关的思路来理解“原始数据”这个概念,那么在天体物理学领域(以及物理学的很多其他领域),像“原始数据”那样的东西实际上就是根本不存在的。数据首次生成之时,我们越早审视它们,它们就越受制于探测技术的特性。审查数据的时间越晚,在处理时遇到的假定情况也就越多。因此,为了能够在科学上运用数据,我们总会需要一些附加信息。正是这一点,让我们在类似虚拟天文台的大型数据库中找到提供信息概况的普遍数据形式变得更为困难。

7. 对数据的畏惧

如果真理根本不是隐藏在数据之中的话,那我们为何对数据保护和储存忧心忡忡呢?而各大公司为什么对用户数据的记录斥巨资呢?

我们生活在一个很多事物都由立足于“大数据”的自动化算法决定的时代，这样的状况又是怎么出现的呢？如果对数据的利用只有辅以数据产生的大量附加信息才有意义，那么从原则上讲，避开数据的影响岂不是非常简单吗？答案由两个部分构成。第一部分即是，与大多数复杂实验产生的科学数据相比，我们在网上或者电子数据库里采集的用户数据，其结构当然要简单得多。因此，比之从现代望远镜获得的信息，为了理解而需要的、有关数据来源的信息就容易获取得多。

我们有理由对毫无节制的数据采集狂热持怀疑态度，对此起到决定作用的，则是答案的第二部分，而问题也正好出在这里，即很多人把数据与真理混为一谈。我们已经发现，如果精简数据，借此从数据中推导出世间现象的相关信息，这时候都会产生特定假设。如果我尝试通过观察平均值的方式来消除读取温度计的错误，那我就会假定读数太高和太低的发生频度是一样的。而当我用参照位置来校准望远镜数据的时候，我会认为参照位置完全漆黑一片。如果我要从陨石分布地图推断出陨石坠落频率的相关信息，那就首先必须对潜在观察者的全球分布情况做个假设。

在大多数情况下，我们可以断定以上假设都是正确的，而在科学研究中，我们也会在假设上投入很多精力。即便要解析用户数据，分析里面也会牵涉很多假设，比方说，数据的说服力有多大，从特定的数据模型中可以获取什么信息。大体上说，假设之所以在这里也会成立，正是因为我们在选择假设时就能让它们面向标准场景和标准用户。一旦假设因为用户或所研究的情况偏离了标准而不再成立，那么算法就会出现错误。从统计学的角度来看，这在数据量很大的情况下并不严重，只要总的错误率保持较低水平即可。对于隐藏在偏离标准这一错误行为背后的单个数据来说,如果算法对它的计算出错,而这一异常又导致推断得出了有关其特征的错误结论,就可能会出现令人不快的后果。

在编排偏离标准的特殊数据之时,算法会出现什么样的问题,对此有个尽人皆知、毫无损害的日常生活实例可以做出说明:智能手机上拼写的自动更正。只要我们输入的是正常的标准德语,自动订正就会带来很大便利:只消敲出前几个字母,该单词后面的字母就不必打了。自动补充完整的单词是与普遍语言使用相对应的,而后者也是从自身以及其他用户数据里提取出来的。一旦我们试着用一些带有语言游戏色彩的单词,或者在不常见的上下文中使用不太常用的词语,那么自动修正就会成为巨大的折磨。语言使用越是偏离常态,算法的运行就越是糟糕。这时候,暗藏的假设(打下 ges 几个字母,要么是拼写单词 gestern,要么就是 gesehen[①])就不再起作用了。

另一个问题是很多计算程序并不透明。在学术领域,进入数据分析环节的假设大多都能公开出来,并能得到批判性的检验,而这样的检测在商业算法领域却很难开展,因为算法的内在结构一般而言是不为人知的。这同时也加深了这样一种印象,即觉得算法结果涉及的是真理之类的东西;因为从外部来看的话,结果中只是充塞了各种数据,从中只能推导出结果所依托的、看似客观的模型和原则。而人为影响、参与结果制造过程的人的意图和假设,都变得不可见了。因此,"我真的

① gestern 和 gesehen 都是德语里以 ges 开头的常用单词,前者意为"昨天",后者是动词"看见"的第二分词形式。——译者注

什么都没有隐瞒”这一论点也站不住脚，因为数据本来也不是直接反映自身的行为和属性的。数据与外界环境的关联性以及对数据的错误阐发引发的问题是跟上述结论背道而驰的。下文详细讨论理论建模的时候，我们还要谈到这个问题。

ooo

实际上，绝大多数情况下，天文学的终结这个论断总是由我的妈妈提出。我继续追问我爸：“你认为，人类已经差不多走到了研究的终点，原因是根本无法建造比地球还要大的望远镜？”

“对啊，难道不是这样吗？”

“嗯，在这样的情况下，仍有可能使用连接起来的太空望远镜，它们之间的距离总和就比地球直径还要长。如果只是简单地把比迄今连接过的、数目更多的望远镜连接起来，获取的数据质量可能都会更好一些。”

“那天体物理学家还是有事儿可做。”

“对,我希望是这样。另外还有一种可能,就是大家想要更好地分析既有数据。”

“啊?在数据分析方面,还根本没找到最优方法?”

“数据分析有着一段复杂的历史。望远镜的运转不是像传真机那样,就在结束之后展现出想看到的东西。”

“说老实话,望远镜‘吐出’什么东西,对此我一无所知。”

“比如说,在观察黑洞时,每晚都会生成跟欧洲核子研究组织(CERN)的大型强子对撞机(LHC)粒子加速器里面一样多的数据。然后,才会将这些数据汇总到一起进行分析,这一过程可能会持续好几个月。为此就必须考虑单个望远镜的技术特性,但也要兼顾大气对所有望远镜的影响。所有跟黑洞无关、只跟数据在地球上得以生成的特殊方式相关的因素,都必须从数据中过滤掉。”

“但是再次回到我的问题上来:望远镜在这儿到底会‘吐出’什么东西来呢?”

“望远镜‘吐出来’的东西,一开始跟图像完全没关系。在干涉测量法这一技术上,就是把照片分解成多个频率,然后测量其中的几个。正如它听起来的那样,不太生动形象。”

“对,确实听起来非常令人费解。从原始数据中获得这张照片,这真的是一个复杂的过程吗?"

"是的,数据精简是天文学家要付出很多时间的一件事。绝对不是说只用看进去就可以达到目的。人们真的必须花费大气力,才能从数据中获取有关宇宙的信息。"

"在此过程中,也有可能出错。"

"正是这样,所以这一过程持续时间很长,因为人们必须不断检验和核实,以确保没有出现差池,没有从数据中解读出一些压根就没有隐藏其中的信息。"

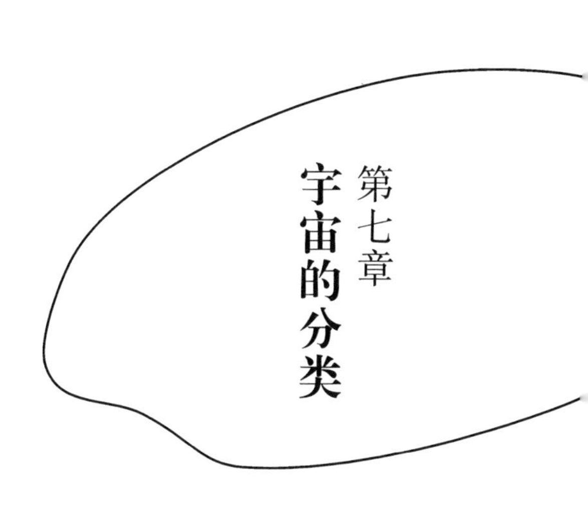

第七章 宇宙的分类

哈威特的想法是全面采集所有可用的天文数据，但在具体细节上，操作起来比预先设想的还是要困难一些，因为天文数据比哈威特描述的要复杂得多。实际上，可以说这些数据并不直接存在，还需要非常复杂的数据生成和数据处理过程才能获得。从细节上看，这些过程依赖特定的实验性质，以及研究者的个人科学目标和想法。哈威特的想法是列举所有的宇宙现象，借此可以估计，要等待多久才能发现完所有现象，那么这一想法看起来怎样呢？

有关这个问题，首先必须确定的是：要列举所有的天体物理现象，绝非易事。至少初看上去，要回答已知的宇宙里有多少不同类型的现象,比回答以下问题更为复杂:比如建造橱柜用到了多少种不同的物质材料?烘烤圣诞小饼干需要多少配料?或者说城市动物园里有多少种动物?我们知道的是,太阳是一颗恒星,而地球、火星和木星等则是行星。但土星环[①]已经是一种独立的天文现象,还是说它们属于土星本身?从什么时候开始,行星成为一颗矮行星,又从什么时候开始变成一颗褐矮星?原恒星也许是一种独立的现象,但 0 类、1 类和 2 类原恒星也是不同的现象吗?

人类倾向于给事物分类,于是产生了不同的动植物类型、不同的化学元素和不同的家具种类。就家具而言,有一点很明显,即我们人类出于实际原因,对各种家具类别进行了定义。在家具目录中,把沙发与柜子区别开来是大有意义的,因为两台家具满足的是完全不同的用途。需要一个柜子的人,不一定同样需要一台沙发。相反,就动物种类而言,如果说特定的品种分类单单取决于我们人类,那就显得不太有说服力了。至少我们会猜测,有些不同的动物种类不是由人决定的,而我们人类的任务则是正确地辨别这些品种。然而,要为动物分类,潜藏着近乎无穷无尽的可能性。我们可以根据动物皮毛的颜色进行分类,按照它们的进食习惯,或者依据它们每平方厘米的毛发数量。事实情况是,历史上也曾为了挑选一个最好的分类系统而论争过。原则上,可以针对一个种类某些共同的代表性特征下定义,同时也可以断言,如果动物交配,那么它们就可以定义为同一种类。另一种方案是,把某一种类的诞生归因于共同的进化历史,或者干脆就从实际角度出发,按照当下的

---

① 太阳系行星的行星环中最突出和明显的一个,环中有不计其数的小颗粒,主要成分都是水冰,还有一些尘埃和其他化学物质。——编者注

用途对动物进行分类,而不要求对动物世界的真实本质做出判断。尽管繁殖特征和遗传特征已被证明是特别成功的分类标准,但至今仍没有就最佳的定义达成一致。

化学元素的分类则要显得稍微清晰一些,虽说历史上这一领域起初也曾出现过对不同的分类系统进行争论。但从一开始有一点就很清楚,即分类必须仅仅针对元素的特征,而不是看各元素是如何相互作用的,也不是以类似动物种类那样的进化过程为标准。从这个角度来说,对非生命体的事物进行分类看起来稍微简单一些。时至今日,周期表已被广泛认为是最有意义的分类系统。没有人会怀疑氧元素和碳元素是由不同的原子种类组成的,具有不同的原子质量,而这些不同的原子结构确定了这些元素的物理和化学特征。外星人可能也会在他们的世界里找到不同的化学元素,只要他们对物理学稍微有点兴趣,而无须具备人类的分类能力。

成功的分类到底是否反映了"自然秩序",或者毋宁说它只是体现了我们理解和划分世界时展现出来的所有人类特性,这一问题在哲学界讨论得异常激烈。至少在天文学领域,有些现象证实了后者的正确性。我们很快回到这一问题上来。

1. 分门别类的银河系

对现象进行分类,这是科学上的基础操作。早在1735年,来自瑞典的自然研究者卡尔·冯·林奈(Carl von Linné)就指出,对我们周围的一切进行分类和命名为在我们周围发现的事物提供了科学基础。如果我们掌握了足够的数据,那么在对所观察事物的准确特征有所了解之前,就已能够开始分类。在此我们采取的方式就是试着碰碰运气,建立一个类别。这就好比有些人完成拼图一样:先是把各个小块按照形式分类,到第二步才尝试着立足更大的关联,也就是以打印出来的图片为基础,构建出整幅图画。采取这一策略时,我们希望的是,选取的分类最后会帮助我们理解五花八门的现象所依存的各项原理和机制。

对任何(无生命力的)事物分门别类是以下行为的结果:我们从这些事物具备的所有特征中挑出一些,把它们提升为定义该门类的特征——这些特征也是属于该门类的一切成员都具备的共性。接下来,这一门类就可以借助一个标准成员来进行定义:所有跟这个标准相近的现象,都属于同一门类。当我们带着一本植物分类书穿过当地的森林时,就会这样做:将一路上发现的陌生现象与书中的图片不断进行对比,直到发现一张看起来差不多的图片为止。接下来,就可以将找到的植物成功地归入一个特定的门类。

历史上,人们也是采用这种方式来开发天文学的大型分类系统的,这一点历史学家史蒂文·J. 迪克(Steven J. Dick)在他 2013 年的著作《天文学中的发现与分类》(*Discovery and Classification in Astronomy*)中已有描述。第一个大型任务就是 19 世纪下半叶对恒星的分类:当人们首次可以观察到恒星的个体特征,认识到它们不仅仅是天边发光的亮点,这时候就已经着手开展分类工作。1814 年,弗劳霍恩夫在太阳光谱里发现了暗特征谱线,它们是在 1860 年前后被古斯塔夫·基尔霍夫和罗伯特·本生辨识为不同化学元素的谱线。每颗恒星都具备由其化学和物理特征,比如压力和温度等决定的独特光谱,可以用于分类。19 世纪晚期,世界各地的科学家开始收集恒星光谱,并以恒星的光谱线及其相对强度作为基础,来定义不同的光谱类型。然而,如何对这些光谱类型做出物理学上的解释,很长一段时间都是一个未解之谜。

直到后来,在 E. C. 皮克林(E. C. Pickering)的带领下,有一群女士丝毫不认为检视几十万种恒星光谱有失尊严,在哈佛展开了一场持续 40 年之久的分类工作,于 1925 年完成,这产生了一个今天还仍然在重点使用的分类系统。其中用大写字母标注的光谱类别是由威廉敏娜·弗莱明(Williamina Fleming)创建的,她的同事安妮·江普·坎农(Annie Jump Cannon)则改变了这些类别的顺序,正如她估计的一样,由此就产生了一个温度和进化序列,研发出了著名的 O B A F G K M

序列(可以这样来记:Oh, Be A Fine Girl, Kiss Me①)。今天我们知道的是,质量减少以及由此一来温度也会降低的恒星,实际上也符合以上类别次序,但是并不会产生发展序列。假如弗莱明当时就已经更好地理解了光谱类别的意义,就能立即将它们正确排序,而我们也就不用想出那个可疑的口诀来帮助记忆了。从这个意义上说,分类往往也暗含与其产生历史相关的混乱信息。

星系的类别差不多也是这样。1924 年至 1925 年,哈勃首次证实,自 18 世纪以来就为人所知的星云中,有很多都是位于地球之外的,形成自己的星系。有鉴于此,早期的观察者也面临着这样一个问题,即如何将观测到的星系这一充满变体的集合进行排列。然而这里作为分类基础的不是光谱,而是星系的形状。最为知名的分类由哈勃在 20 世纪 20 年代自行开发,1936 年公之于众。他区分了螺旋星系、椭圆星系和不规则星系,并把它们排列成一个音叉形状图:音叉的柄由椭圆星系构成,上方的分支由螺旋星系组成,而下方的分支则由棒旋星系构成,亦即在其中心可以看见一个条状结构的星系,从那里旋臂分叉。

哈勃跟他那些从事恒星分类研究的同事看法类似,也认为他的分类在音叉图中体现为一个从左到右的发展序列。与之对应的是,他把椭圆星系称为"早期星系",而把螺旋星系称为"晚期星系"。从直觉上来说,这一点也颇有意义:结构复杂的天体(螺旋星系)脱胎于结构简单的天体(椭圆星系)。但今天我们知道,其实应该正好相反:不是螺旋星

---

① 这是一句帮助记忆的形象化口诀,中文意为"哦,做个好女孩,吻我吧"。——译者注

系产生于椭圆星系，而是椭圆星系可能会在螺旋星系两相碰撞和融合的情况下产生。这里也可清楚看出，分类常常与(有时错误的)物理学解释有着多么紧密的联系。

因此，分类的选择就会在较大程度上影响一个领域的进一步发展。如果选择了错误的对象特性作为关键参数，一个领域就会被持续引至错误的发展方向，甚至其发展会被阻隔。分类是否有意义，或者分类能否将实际上彼此毫不相干的物体囊括其中，常常要等到对正在进行的过程的理论理解加深之时，以上问题的答案才会明了。要理解星系随时间的演化过程，以及确定观测到的不同星系类型是代表星系的不同演化阶段还是相对独立的观测现象，就需要对不同红移下的宇宙进行大量观测，并进行复杂的星系演化模拟。如果我们对特定类别的宇宙现象有了更多了解，一般就能让我们利用过的分类系统更加精细化，有时候也可以让我们判定以前对某一天体的分类是错误的。有关这一点，在引起媒体注意、曾经是行星的冥王星的分类事件中，我们就已经有了切身体会。

2. 冥王星——被降级的行星

很长时期内，冥王星都是九大行星中最外部的那一颗，在各种不同的记忆顺口溜里都代表字母 P(我父亲每个周日都向我解释九大行星代表“水星、金星、地球、火星、木星、土星、天王星、海王星、冥王星”),直到它在被发现不到 100 年后成为天文类悬疑小说/影片中的主要角色。而就冥王星被发现这件事本身来说,一切都在情理之中。19 世纪末,人类注意到,所观测的天王星的轨道运行偏离了理论预测,之后,数名天文学家就把这一偏离解释为在海王星对面存在第九颗行星。从 1905 年开始,天文学家帕西瓦尔·罗威尔(Percival Cowell)发起了对第九颗行星的两次全面搜索,第三次寻找则在他 1929 年去世的 13 年后进行,由他的侄子罗杰·罗威尔·帕特南(Roger Lowell Putnam)以及罗威尔天文台的台长维斯托·M. 斯莱弗(Vesto M. Slipher)推动。寻找发挥了作用,在不同时刻他们会对同一天域各拍摄两张照片,其底片被拿来进行对比。如果在两张底片上都可以看到被寻找的行星,那就说明在两个拍摄时间点之间,它在恒星遍布的太空背景中的位置并无变化。年轻的天文学家克莱德·汤博(Clyde Tombaugh)接受了这一寻查任务。1930 年 2 月 18 日,他真的找到了一个改变了位置的点,它距离已经辞世的罗威尔所预测的位置不远。在进行后续观察之后,大家采纳了来自牛津的 11 岁小姑娘维尼夏·伯尼(Venetia Burney)的建议,最后将这颗新的行星命名为冥王星。维尼夏的外祖父福尔克纳·马登(Falconer Madan)是牛津大学的荣休图书馆员,在整整 50 年前,他曾建议将火星的两颗卫星命名为福波斯和德莫斯。有一天吃早餐,他给外孙女读报,正好读到第九颗行星被发现的消息,于是他自问那颗行星可能会叫什么名字。他的外孙女广泛阅读各种儿童读物,熟悉希腊和罗马神话,于是接过话茬,认为可以用地下的罗马之神来给那颗新的行星命名。马登把这一建议转达给了相关的天文学家,由此让他的小外孙女在天文学历史上有了一席之地。

然而,很长一段时间内,人类对这颗新的行星所知甚少。它的颜色相对偏黄,因此比起那些与它相邻的、近乎蓝色的气态巨行星,它更像地球轨道内部的行星。此外,它也并不像大家期待中的大质量行星那样明亮,相反要黯淡许多。因此,数十年之久,人类都认为冥王星大体上跟火星相仿。但冥王星质量这么小,不可能导致天王星轨道偏离。事实上,直到 1993 年才发现,之所以发生这些偏离,是因为在最初的计算中对这些气态巨行星使用了错误的质量。因此,罗威尔有关第九颗行星的预言是错误的,对冥王星的发现实则是一个幸运的偶然。至于冥王星是一颗行星,对此长期以来并无怀疑,正如冥王星被视为另一颗相距遥远的火星一样。这一解释直到 1978 年夏才被动摇,因为彼时人类发现了冥王星的卫星卡戎。借助开普勒定律,终于可以从卡戎的轨道运行中计算出冥王星的质量。其结果是:冥王星比地球要小 400 倍,甚至比月球还小。

以上认识在 20 世纪 90 年代得到了新的评价,因为那时在海王星

对面的柯伊伯带发现了很多具有类似小质量的天体。为什么冥王星要被归入跟这些天体不同的类别,这一点看起来越来越不明确。1998年,国际天文联盟着手探究这个问题,从此以后,有关冥王星身份的讨论就变成了一个政治问题,同时也介入了很多感情因素,这一点史蒂文·J.迪克在他2013年的著作中也有详细描述。对冥王星的分类看似取决于所关注的特征:它圆圆的外形和稀薄的气体让它以行星的面目示人,它的小体积以及轨道离心率非常高,与其他行星的轨道明显不同,似乎可以证明它应该属于另一个天体门类。接下来,作为备选方案,就可以把冥王星视为矮行星,或者是一个外海王星天体,即中心轨道远离海王星轨道的天体。原则上说,对冥王星进行一个双重分类也是有可能的。

然而,到了2005年,接着就发现了另一个外海王星天体——阋神星,经证明它比冥王星体积更大,质量也更大。如何定义行星的门类,这一问题就变得真的不可避免了。是该冒冒风险,让太阳系被越来越多的新行星填充(采用一个本质上以"圆形"作为决定性标准的行星定义)?还是说牺牲一下冥王星,让行星的数量永远保持在八个(其中行星的定义还要求它的引力作用能够清空轨道附近区域的其他小天体)?2006年8月24日,在国际天文联盟的全体大会上,这一问题最后通过投票表决确定下来。会议发布的定义本质上符合第二个选择方案的精神,由此将太阳系行星的数量减少到了八个。冥王星被视作矮行星,而按照投票表决,矮行星是被视为非行星的。虽然不少天文学家对所给定义表示不满,但在公众中引发的争议更大。即便是十年之后,对冥王星降级流露出来的愤懑仍然蔓延开来。当时新地平线任务揭示出越来越多有关冥王星表面的细节信息,有人发表如下评论:冥王星一直以来都是行星,我们怎能剥夺一个如此美丽的天体的行星地位呢?更何况,正如我们今天所知道的,它的表面还有一颗心①。

答案是清楚的:假如我们从一开始就了解到像今天这么多的太阳系相关信息,那么冥王星最初就不会成为行星,而我们也就不必大动肝火了。冥王星的戏剧性故事之所以发生,是因为长期以来我们对行星所知甚少,无法开发出一个严谨科学的分类系统。事实上,自从我们在太阳系以外发现了成千上万颗的行星,也就正在开始发现行星现存的多样性。冥王星的故事告诉我们,这个名字可能牵扯了多少感情因素。我们对这个世界进行分类,但这一分类并非不带任何感情色彩。与这些分类相连的,有各种联想(冥王星是"我们中的一员"),有政治意义(冥王星是首个在美国发现的行星),还有个人记忆("那句帮助记忆的口诀真有意思!")。在很少情况下,科学会像第一印象认为的那么中立和客观。

3. 宇宙的类别

在冥王星的故事中,我们再次回到了那个出发点:分类之所以出现

① 冥王星表面有一片很大的心形区域。——编者注

问题,是因为信息匮乏。较长时期以来,要确定冥王星的特征非常困难,因为很难从地球上观测到它。在这里,我们又碰到了一个含有历史欠定性的情形。对天体进行分类,要比对我们周围较近的物体分类困难一些吗?换句话说,与物理学或生物学上的分类相比,对宇宙天体的分类存在一些特殊性吗?首先必须承认的是,天体物理领域里的物体比微观物理中的复杂,因为前者里面不存在类似基本粒子或化学元素的基本构成单位。在微观物理领域,我们可以在不同层次上清楚地找到互相之间有着显著区别的组成部分,而在天体物理领域中却无法实现这样的清晰度。另一个原因是,天体物理中的决定性分类立足于特定的连续参数。原子核里面质子的数量只能以整数形式呈现,由此就将各种化学元素清楚地区分开来,相比之下,比方说恒星的质量就可以表现为任意数值。如果立足于恒星的质量开发出一个分类系统,在某种程度上,不同类别之间的界限肯定就会比较模糊;而且总会存在一些天体,恰好就位于两个类别之间。

就对象的复杂性而言,天文学分类系统跟生物学的同类系统相仿。天体物理学的分类跟生物学的一样,其结构都是分层级的:在大的类属下面又可以不断细分。这一分类跟生物学分类相似的地方,还体现为演化过程对于成功分类的重要意义,当然此处不存在生物基因特征的对应物。但是,大多数的宇宙天体都会经历一个演化过程,其类属在此过程中甚至还会发生变化。举个例子来说,太阳目前还是一个属于G2V型主序恒星,它会在几十亿年后演变为红巨星,最后成为白矮星。对物理学而言,物体这样在演化过程中发生的类别改变是不太寻常的。

天体物理的另外一个特性是,其分类取决于所依托的观察数据的类型。长期以来,天文学研究只能借助视觉观察进行,这一事实将大多数分类与宇宙现象的视觉呈现完美挂钩。然而,若是在其他波段观察宇宙现象,看起来就会完全不同,而且这样的情况也不在少数。比方说,星系的结构在其他波段就显得模糊很多,因为那时候就不是恒星决定星系的面貌,而是其他一些微观粒子,比如自由电子或是冷的分子云。因此,天体物理领域存在这样一个离奇古怪的特征,根据观测它们的波长范围的不同,可以有不同的分类,就好像一条狗突然看起来好像一只猫,个中原因只是我们戴上了红外眼镜来观察它。

2010年,法国天体物理学家和哲学家施特凡妮·鲁菲(Stéphanie Ruphy)在讨论天体物理学分类的上述特征时,做出了如下论断:在天体物理领域,我们不能声称存在一种与人类无关的宇宙秩序。其实有着很多不同的但都同样合理的方法,来对宇宙现象进行分类。最后会选择哪种方法,取决于分类目的,以及分类是否适用于这个目的。对天体物理现象不同类别之间界限的定义并不明确,其分类系统也取决于所观察现象的波段,考虑到这两点,女学者鲁菲认为,很难想象只存在唯一"真实"的方法,来定义和枚举所有的宇宙现象。

马丁·哈威特在其著作中提出,他只是需要一个简单的方式来定义宇宙现象,以便计算得出我们何时会发现所有的宇宙现象。他简单地通过将一个新现象定义为在某一物理特性上与另一个相比相差1000倍来实现这一目的。那会儿他脑子里想的是基本的物理特征,比如质量、温度或者密度。举例来说,一旦某个物体具备一千倍大或一千倍小的质量,那么在哈威特看来,它就属于现象的另一个类别。这样的操作是非常简化的(为什么宇宙要遵循这样一条规则呢?),但它达到了其目的:最终哈威特就为所有已知现象得出了一个精准数字。在历史学家迪克的眼中,哈威特的尝试称得上是对宇宙现象进行统一而全面分类这一领域的开创工作。在2013年的著作中,迪克自己也试着开发出一个系统,用来对宇宙现象进行一般意义上的、更精细化的分类,但与其他分类系统相比,它就不是临时发挥一下作用而已,而是建立在物理学原理的基础之上。

在创建分类系统时,迪克以生物学分类为导向。正如生物学一样,他选取了一个不断层层分级的分类形式:最高层级的门类,他称为行星的王国、恒星的王国以及各种星系的王国。在每个王国里面都有六个家族,也就是六个现象类别。在每个家族内部,又存在不同的类属。原则上,还可以把类属进一步分为大类和小类,即便迪克本人并没有这么做。生物学中的物种,到了这里就是各种天体,它们在宇宙中的呈现主要由引力决定。引力将宏观宇宙连接起来,比方说吧,强核力和弱核力负责连接原子核,电磁力则连接原子和分子本身。

首先,迪克定义了三个核心家族(行星、恒星和星系),它们的名称跟相应的王国名称一样,由此构成了分类的中心,然后他定义了演化前期形态的家族(原行星、原恒星、原星系),接下来定义了紧紧围绕着核心天体而存在的物质(环行星物质、环恒星物质和环星系物质),然后是那些质量太小而无法归入核心家族的天体或天体系统(亚行星天体、亚恒星天体和亚星系),接下来是在核心天体之间存在的物质(行星际介质、恒星际介质和星系际介质),最后则定义了核心家族多个成员的集合(行星系统、恒星系统和星系系统)。针对82种宇宙现象,迪克采取了以下分类方式:土星环属于行星王国里面环联行星类行星环这一类别;至于0类和1类原恒星,则是恒星王国里面原恒星家族中的原恒星这一类别下的不同类型。看起来,这一分类比哈威特的列举要系统得多。但是,它是否展示了宇宙中的真实秩序,或者说它只是人类尝试对丰富多彩的宇宙强制进行的又一次狭隘分类,这个问题还悬而未决。如果我们今后几年对宇宙展开进一步探究,就会发现迪克仍然相对简化的分类模式能否站得住脚。

然而,要使这个系统在科学界获得广泛认可,这一点却是可疑的,因为分类系统的确立最终是一个社会化的过程。身为历史学家,迪克可能难以"从局外"强加给天体物理学界一个分类系统。不管怎样,因为包含对六个天体家族的逻辑构建,他的系统满足了一个在此背景下发挥重要作用的简单标准。至于它对科学研究是否有用,还有待时日来证明。但至少我们可以看到,分类系统往往更多地反映了分类者及其既有知识和了解程度,而不仅仅是分类的对象:它反映出每个分类背后的愿望,即要了解并陈述有关现象的特征、原则和规律。在领域刚刚形成时,早期的分类可以通过隐含假设和塑造我们对世界的看法来对该领域的发展产生重大影响。我们人类按照自己的想法主动对周围环境进行分类,以这种方式来理解它,在科学中这一事实表现得尤为清晰。

4. 数据和模型

数据是天文学研究方法的基础。想要理解宇宙现象的本质，那就需要数据。今天，有着多种多样、质量上乘、价值颇高的数据可供使用，让我们可以高度精确地探究隐藏在所见宇宙现象背后的物理过程。然而，在天体物理学中，数据的生成过程要复杂得多，如果我们把天文学家想象成夜晚裸眼透过望远镜观测太空的人，那就太过简单了。时至今日，几乎没有科学家会亲自进行后续科学研究使用的数据采集。如果观测是在大型的国际性天文台进行，那就必须提交申请，而大多数天体物理学家真正花在望远镜观测上的时间，只占其工作时间的一小部分，而且呈现出下降的趋势。天文数据在首次由望远镜生成后，到最终由科学家进行解释之前，会经过漫长的过程。在这一过程中，数据会被清理，去除与研究对象无关的影响，最后与理论预期进行对比。然而，要完成这两项任务，必须使用一个工具，即科学上的建模，它与数据本身一同构成天体物理研究的两大支柱。

早在数据生成之时，模型就发挥着重要作用。望远镜本身的行为也必须被模拟：比如说，当望远镜被转动到一个新的位置之时，必须计算出望远镜碗在地球重力场中的运动是如何变形的，以便补偿产生的非常微小的形变量。必须建立地球大气层的物理模型,用以了解地球大气对地面望远镜进行宇宙观测所带来的影响。设备接收数据的过程也会在技术测试中进行模拟,就连观测数据本身经常也会被模拟,以测试数据处理的步骤。模拟观测数据的优点是可以知道其亮度分布情况。此后就可以将生成的数据与被模拟的光源分布进行比较,判断真实的观测结果与观测到的现象有多接近。

有史以来,科学模型最广泛的使用领域当然是对数据的解释。当我们尝试着借助福尔摩斯方法来理解是哪个宇宙场景导致了我们所观察到的现象的产生,我们需要依赖于物理模型和模拟,它们将假定的场景与可以观测到的“铁证”联系起来。我们必须预计一下,如果出现了横纵坐标值,可能会看到什么现象。当然,在可供使用的天文数据尚还相对缺乏的时候,科学模型就已被开发出来并加以利用,今天也是如此。从这个意义上说,在某种程度上,模型也可以不依赖数据而自行发挥作用;甚至有些模型还可以完全不依赖任何实证数据而单独使用,其目的是以思想实验的方式来检验某些理念,即便我们确信这些想法在现实世界中不会出现。想理解科学的话,就必须理解科学上的模拟。这一点我们将在下一章讨论。

在开始讨论之前,当然就会有如下问题浮出水面:就数据来说,天文学是一门特殊学科吗?就像生活中很多问题的答案一样,对这个问题的回答也是“既是肯定的,又是否定的”。在数据采集和处理的时候,天文学家的工作跟实验物理学家的几乎一样。它们的相似度很高,天文学家有时候几乎忘了自己是在探索宇宙,而是在研究某些纳米材料的特征。即便是在望远镜旁“观察”,也几乎看不到夜空,而是来回拨弄着电缆,点击着显示屏。即便是那位知名的天体物理学怀疑者哈金,也在他的主要著作里承认天文学可能跟实验物理有着极大的相似性,在前面提到的发现宇宙背景辐射之际,他以一种令人惊异的谨慎态度,对天体物理领域的“与众不同”做出如下论断:“有时候人们声称,我们在天文学中不能做实验,只能进行观察。正确的说法是,我们在太空的偏远区域几乎无法产生任何影响。但彭齐亚斯和威尔逊运用的策略,恰恰就是实验人员在实验室里使用的。”

但天体物理学的特殊之处,正体现在以下事实之上:根据哈威特的看法,我们可以想到这一点,即在一定程度上逐一列举所有可能性的观测。其原因也在于我们先前讨论过的老问题,因为我们无法脱离太阳系,而且从宇宙出发抵达地球的可能信息载体数量有限。比之其他学科,这里我们的认识界限就显得清楚很多:如果我们想要从实证研究的角度来探索宇宙,就需要数据。而就我们原则上可以得到的数据来说,则存在根本性的限制。

此外,天体物理学也是一个扣人心弦的领域,从中可以了解我们人类在试图理解周围世界时的方法,以及有时我们的观念和联想在其中发挥的作用。这一点在以下两种情况下体现得尤为清楚:其一是天文现象比较复杂,而我们掌握的数据起初没有什么说服力,由此不得不展开推测;其二是出现情绪紊乱的时候,就像前面提到的后续要对冥王星的分类进行修正一样。这一案例出自天体物理领域,就不是什么偶然。

让我们做个阶段总结吧。我们的直觉认为,天体物理的运作与其他物理学科不一样,这一认识并非大谬。就数据而言,我们也许可以说:天体物理虽然不是一门完全特殊的学科,但也算有点与众不同。在乌克马克被打击以后,我就已经受够了这一点。还是继续讨论模型吧。

ooo

事实上,比起无聊的数据,我父亲对黑洞要感兴趣得多。他说:“再回到黑洞的话题上面,另外我还有个完全不一样的问题。”

“什么问题?”

“银河里到底有多少个黑洞?真的只有一个吗?”

“那取决于你指的是什么样的黑洞。事实上,存在着不同大小的黑洞。如果说是超大质量的黑洞,在银河系中心里面确实只有一个。”

“还有些什么样的黑洞呢?”

“我前面也提到过:大质量恒星在其生命坍缩之时,那些黑洞就会形成。”

“它们为什么会坍缩呢?”

“简单来说,是因为最终燃料耗尽,再也没有足够的能源维持恒星外层的平衡。”

“照我的理解,这些黑洞之后会变小?”

“是的。那些超大质量黑洞的质量通常超过我们太阳质量的大约8倍。而银河系中心里面超大质量的黑洞则有太阳的400万倍那么重。”

“那么这样的小黑洞可能会比较多?”

“是的,银河系中的黑洞估计最多有十亿个。但我们现在所知的只有几十个,因为它们很难被发现。”

“不过呢,由恒星形成的黑洞与银河系中心里黑洞之间的质量差别巨大。它们之间有什么关联吗?”

“我们认为,事实上肯定也存在‘中等大小’的黑洞,也就是1000倍太阳质量的黑洞。最近也找到了一些有希望的中等质量黑洞候选者,但确切证据还非常难以发现。不同类型的黑洞之间有何关联,这是一个好问题。我们对由恒星形成的黑洞了解得已经比较充分,对更重的黑洞的形成所知相对较少。这些黑洞之间有着千差万别,这也是完全有意义的。如果一个比较轻的黑洞吞噬了很多质量,就会演化成一个有着中等质量的黑洞,然后越来越重。但具体细节我们还不知道。"

"但我们怎么得出这个结论呢?也许那些黑洞全都是在完全不同的方式下形成的,之间毫无关联。"

"通过采集观测结果。接下来,当然就是通过模拟黑洞演化的方式。"

"模拟?"

"让其中含有必要物理学元素的模拟运行起来,借此我们可以看到,如果一个从恒星形成的黑洞吞噬了越来越多的质量,将会发生什么。"

第八章 作为模型和事实的世界

我兄弟是一家时装公司的头儿。他的工作领域在很大程度上与我的正好相反，这并不令人惊讶。尽管如此，有时候还是可以找到惊人的相似性。有一次我去我兄弟的公司做客，跟一位非常帅气的巴西员工攀谈起来，我问他来这里上班之前是干什么的。巴西员工答道："我在巴黎当模特。"我随之说道："我也是啊！在读博期间做模型。"他听后有点迷惑不解地看着我，直到我跟他解释说在博士研究期间经常去巴黎，跟那里的专家一起研究星际脉冲波的天体物理模型，他这才理解了我说的那个笑话。在英语里面，开发"模型"和当"模特"(model)是同一个词，这个梗一再让我忍俊不禁。也许我们可以设法利用这一点，来鼓励更多女性投身自然科学研究？无论如何，这个词都对"模型"这一概念做出了一点说明:这个概念可以用来表达很多很多不同的东西。有些人自身就是模特,有些人收集汽车和火车模型,有些人用盐罐和胡椒瓶作为模型,模拟足球决赛中决定性的传球,德国按照社会市场经济的模式运转,物理专业的学生用波动方程充当振动的吉他弦的模型,气候模型会预测我们这个行星的未来,在大型强子对撞机里面发现了物理学标准粒子模型最后尚还缺少的基本粒子,即希格斯玻色子。模型可以是物体,是抽象理念,还可以是方程式或者电脑程序。

哲学家纳尔逊·古德曼(Nelson Goodman)在他1968年的著作《艺术的语言》(*Languages of Art*)中就已经抱怨过,说是在公众和学术对话中,只存在寥寥几个比“模型”一词还更为不加区别地使用的概念。模型可能是一切东西,从原型到数学描述,再到金发女郎,都有可能。这些被我们笼统称作“模型”的人或物,其共同点是什么呢?

1. 普遍意义上的模型

如果想找到一个可以囊括诸多不同事物的定义，它必定是普遍化的。有关模型最通用的定义是，它是代表和表现其他事物的东西。这里的“事物”可以是一种现象，也可以是一个事实。它可以是这个世界上真实存在的事物，也可以不是。模型可以用作这个“事物”的占位符。这一点可能会以各种各样的方式出现，但典型情况是，模型跟所代表的现象有着某些共同特征，而在其他方面则有所不同。我的火车模型在形状和颜色上跟真火车相仿，但就大小或者内部结构而言则不一样。通常情况下，模型在结构上比本来事实简化，因为某些方面被省略，比方说火车模型就是去掉了整个内部装置。很多模型也会呈现一种理想化的状态，比如说火车模型就不会配备真火车的所有把手或按钮：特定大小标准之下的细节部分会被直接省略。另外，模型中总是存在一些假设，它们多半与模型的具体使用和解释相关。如果我使用火车模型是为了在风洞里研究真火车的流动特征，我就会做出如下假设：比之本来事实，模型缺少的内部结构和原始大小的缩微不会根本改变火车的流动特征。但是，比方说我要通过火车模型来判断一下预期的旅行舒适度，那么认为缺少的内部构造无足轻重这一假设就是不成立的。要理解模型，始终需要两样东西：其一是模型本身，可以是物体、方程式或者电脑程序;其二是对模型的解释。模型的解释决定了模型的哪些部分应该代表世界中的哪些部分,以及模型中应该呈现原始系统的哪些方面。另外,解释也包含如下期望,即模型应该在多大程度上跟原始系统相似,以便可以算作合适的代表。

比方说,我试着用糖果给侄子模拟云达不来梅的最后一场比赛,糖果就是足球运动员的模型。对糖果的解释就很明确:我并不是说云达队的选手是球形的,而且会在吃糖果时变得越来越小,因为我想再现的既不是它们的形状,也不是它们的物质特征。与糖果有着共同点的唯一选手特征,是他们的相对时空位置,而这才是我感兴趣的地方。从这个角度看,糖果就是一个合适的好模型。如果我想用糖果为侄子形象地描绘某个选手对克劳迪奥・皮萨罗①的恶意犯规,这时该模型就会有局限性,因为糖果的结构形状无法让人产生类似腿部的联想。在糖果这一模型中,腿的要素是不包含在内的,这就是说,对足球运动员而言,糖果是一个蹩脚的模型。但在天体物理领域,很少会用糖果来做模型。即便是太阳系的旋转模型,除了在天文研究机构里用于教学以外,都是不怎么普遍的。通用的是数学模型,它们究竟是什么样的,为什么可以利用它们认识这个世界,这些问题早已成为哲学的讨论对象。

---

① Claudio Pizarro,秘鲁足球运动员。——编者注

2. 模型和理论

与火车模型或者太阳系的机械模型相比,数学模型有着不一样的特征。数学模型无法放置到任何地方,但正因如此,它具备尺度模型从来都不能达到的普适性。我们今天有时候还会使用前人已经用过几百年的数学模型,比如用开普勒定律描述行星的运行,或者用牛顿定律描述弹簧的伸缩。在这些情况下,有一个重要事实就已经清楚地呈现出来:数学模型跟数学理论有很大关系。它们之间的关联性很强,有时候要把二者区分开来都绝非易事。为什么粒子物理的标准模型就应该是一个模型,而相对论就是一个理论,这在一开始并不清楚。此处概念的界限并不分明,就连物理学家也不再区分得那么清楚。

不过,也存在与数学理论相距甚远的模型。比如说,有时候我们不是从理论出发,而是从实验数据开始,并试着“碰碰运气”,用数学函数来描述这些数据。举个例子,我们描述一个因为弹簧的作用而发生振动的球体,准确测量它在不同时间下呈现出来的高度,那么生成的数据就将会凌乱分散在阻尼正弦函数周围。此时,正弦函数就是振动现象的模型。在这个实例中,我们就置身于一种舒适的情境里面:我们掌握了一个可以用来描述振动球体的有效理论,并且能立刻把这一理论与数据产生之后形成的正弦函数进行对比。比如说,因为所观察的现象比理论描述的一切都要复杂得多,所以在不少情况下,也存在无法用完善的理论来解释的科学问题。在这种情况下,除了从数据出发,并在一定程度上摸索出数学描述之外,再无任何其他选择。

因此,模型介于理论和数据之间,但到底什么是模型呢,以上定义并不一定就解释得更加清楚。实际上,事情没那么简单。在20世纪的很长一段时间内,哲学家都在努力系统性地理解模型与理论之间的关系。最终,他们开发出了两个不同的范式。

第一个是“句法范式”,代表人物是20世纪初的逻辑实证主义者和经验论者,他们从一个一般性问题开始,即:“什么是科学?”,答案则是“科学可以分为三个不同的领域”。第一个领域是科学理论,第二个是实证世界。为了将实证世界和科学理论联系起来,就需要一种类似翻译工具的东西,它规定了在世界中哪些事物对应于特定的理论概念。这种翻译工具可以如下所示:与玻意耳气体定律中的V对应的,是物理容器中可以测量的容积,比方说一个装有所观察的气体的玻璃立方体,长宽高的尺寸以厘米计算。在句法范式下,这样一本科学词典由此构成科学的第三个领域。它回答了以下问题:世界上的什么东西与理论描述相符?在这个图像中,模型是对理论陈述的一种替代解释——我们寻找另外一个系统,它与理论上实际所指的系统不同,但两者的运作非常相似。比如对玻意耳气体定律来说,就存在台球模型,其中气体分子被视为互相撞击的台球。这个模型的首要目的是简化对理论的理解。与气体分子相比,台球无疑更容易想象。出于这个原因,如果我们试着想象原子的结构,也会用到行星模型。比起对运行轨道的想象,把电子想象成像太阳一样围绕原子核运行的行星,对我们来说更为容易。因此,句法范式下的模型主要用作教学辅助工具。它有用处,但对于科学研究来说,并非真的举足轻重。不过,模型真的就那么不重要吗?

第二个范式,即被称作“语义派”的拥护者,会对上述问题做出坚决的否定回答。对他们来说模型恰恰就是科学的核心部分,因为理论本身也是由模型组成的。更准确地说,模型就是被理论描述的所有系统,正是因为有了模型,理论才得到表达。我们再举振动的弹簧这个例子吧,与之相关的理论是描述经典力学的牛顿定律,以及描述弹力的胡克定律。在理论中,所有的具体数值都没有确定下来:在振动方程式中,m 代表任意质量,k 代表描述弹簧强度的任意弹簧系数。如果我们现在具体确定这些数值,连同弹簧的初始位置和速度,就可以得出时空振动曲线。这一具体的振动曲线就可以成为世界上某个特定情况的模型,并代表它。与“句法范式”不同的是,模型在这里不光居于中心地位,而且其首要目的是代表某种特定事物。相比有人把科学模型贬低为教学辅助手段,这一描述更加符合科学实践,因此在科学哲学家群体内部得到了广泛认可。

对于什么是模型这一问题,不管是句法观点还是语义观点,都无法覆盖以下情况:模型先是从数据中产生的,而模型和数据两者都以它们所立足的科学理论为出发点。哲学家帕特里克·苏佩斯(Patrick Suppes)在1962年分析了这一情况,并把分析结果称为“数据模型”。正如上一章阐述过的,数据在其加工过程中被筛选、修改和分析。在此过程中,越来越复杂的数据模型得以产生,这一点只是表明,在使用不同假设和猜想的情况下,数据得以处理和改变。但最终数据的数学描述会变得与从理论中导出的模型具有相同的形式,比方说采用幂函数的形式,来描述数据点在时间上的增长。简单地说,这里会出现两条曲线,一条来自数据,另一条来自理论,随后就可以进行对比,以判断理论是否描述了数据。从这个意义上说,模型就是理论抽象世界和被干扰因素破坏的数据世界之间的中介者。照此来看,模型也确实在科学实践中居于中心地位。科学模型如何具体发挥这一中介者的作用,就这一点可以展开激烈讨论。但我们也可以直接向科学家发问,了解他们的想法。而早在 2002 年,哲学家兼天体物理学家丹妮拉 · M. 贝勒-琼斯(Daniela M. Bailer-Jones)就已经尝试过这一点。

3. 如何组建好的模型?

哲学家当然可以在理论思考上信马由缰,但其结果不应该跟科学家自己对模型在科学实践中所起作用的思考所得相距甚远。贝勒-琼斯采访了九位来自不同自然科学专业的英国学者,他们一致认为,模型在科学中是最重要的工具。尽管为科学模型找到一个明确定义有点困难,但一个常见的描述是:模型是现实元素的简化表征。这里也隐藏着科学模型的主要运作方式:模型将世界上某种现象最重要的特征融合到自身之中,剔除所有无关紧要的细节,通过这种方式来描述这种现象。“我认为,模型会尝试着辨识人类试图了解的观测现象的本质,而且是用一种尽可能简单的方式进行”,天文学家安德鲁·康威(Andrew Conway)说道。其实也就是个简单的指令,但陷阱又藏在细节之中。什么重要,什么不重要,世间现象的“本质”又是什么,都取决于模型的任务或是与模型相关的问题。在大多数情况下,区分重要与不重要也绝非易事。

受访的学者强调,正因如此,科学经验和直觉就成为设计好模型的基本前提。为了确定是否有望得到合适的模型,还必须熟知现实的系统及其特征,此外还要非常了解模型及其运行方式。然而,为什么我们要为此花费时间精力呢?按照受访学者的说法,主要目的是了解被模拟的系统,比如:太阳的能量是如何产生的?我们要花多长时间观察一颗年轻恒星因为核爆发而在其周围留下的化学印痕?银河系是如何产生的,又会如何继续演化下去?哪些过程会对这个问题的回答起作用?对此模型都可以做出回答。

另外一个乍听上去非常相似的目的是,正确地再现实际系统的行为并加以预测,就像那些复杂模拟所做的一样。有意思的是,以上两个目的绝不等同,它们之间的关系还有点紧张。其原因是,借助简单模型来进行理解对我们人类来说较为容易,但更复杂的模型则可以更好地再生产观测数据。固体物理学家约翰·博尔顿对此做了如下解释:“在我看来,重现事实并非就是一切。我们所寻找的,是对于自然中所发生状况的了解,有时候一个简单模型就能给你提供相关信息,而一个大型电脑程序却做不到。”这一点我们在后面还会讨论。

尤其是简单模型,也有可能用来检测因果关系,让我们看一看,如果在模型中改变或删除某个过程,会对被模拟的系统产生什么影响。比如说我要模拟从树上坠落的苹果的运动,然后取消引力,那么苹果就不再坠落。从中我可以推断,显然是引力导致了自由落体运动。

评判一个模型之时,不应该仅仅依赖人的专门知识和物理直觉。此外还存在其他确切检验模型的不同方法,而最简单的就是与实验数据进行对比。如果对真实系统和模型开展平行实验,应该就会得出相同结果。若是正确模拟了所有参与作用的力和特定变量,比如说风速、空气摩擦以及其他,就可以将坠落的苹果模型与真苹果的下坠成功进行对比。在那些不容易开展实验的学科中,比如说天体物理,模型通常被视为假设(我们回想一下夏洛克·福尔摩斯方法)。对模型的检测会在一种稍稍不同的模式下进行:如果横轴和纵轴坐标确实为我的观测提供了正确解释,那么我还应该能够观察到竖轴坐标。“如果你开始观察,然后在各个方面都看到模型的预测得以证实,你就可以断言用来解释问题的这个模型具有很大效力,因此也很有可能是正确的”,古生物学家彼得·斯凯尔顿(Peter Skelton)这样总结。

最终,学者们的言论也展示出一个事实:没有一个通用的方法来开发出一个好模型。许多因素都影响模型的构建,它们总是取决于具体情形,以及模型的具体功能和任务。1999年,荷兰哲学家马塞尔·约瑟夫·鲍曼斯(Marcel Joseph Boumans)非常中肯地把科学建模比作烘烤:“在没有配方的情况下想要烘烤糕点,怎么办呢?”当然我们也不是在毫无准备的情况下开始的,比方说我们有做鸡蛋煎饼的经验,也知道重要的配料:面粉、牛奶、烘烤粉和糖。我们也知道糕点看起来是什么样子,吃起来是什么味道。我们开启了“尝试加犯错”的过程,直到出现我们想要的结果,即糕点的色泽和味道令人满意。这一结果的特点是,在糕点成品中已经看不到配料。而模型的开发,就好像不用配方来烘烤糕点一样。在模型中,配料就是理论思想、个人观点、数学化的思维、各种比喻和实证数据。如何把这些不同的配料混合在一起,从中是否可以得出一些“可供享用”的东西,最终取决于个人的烘焙经验。当我们观察科学实践时,不得不说,寻找一个普适的模型定义似乎是没有希望的。存在诸多不同类型的模型,以及开发模型的不同策略,就好像有着不同的烘焙配料、不同的烘焙方式和不同的糕点。

在贝勒-琼斯所做的各场采访中,还有一点扣人心弦,那就是她也跟学者们讨论过现实性的问题。虽然模型明显是为了简化事物、使用近似物和剔除很多细节而建立的,但是模型与现实有多接近呢?正是这一点让伊恩·哈金头痛,并误导他发表了以下见解,即热衷于模拟的天体物理跟现实没有多大关系。事实上,模型似乎总是只能在某种程度上准确。原始系统的特定方面可能会被正确模拟,但另外一些方面则无法做到。因此,我们从来都不该犯把模型视为现实的错误,即便它仍然给人颇为真实的印象。“您看看,这一点很有趣,一旦模型变得如此逼真,人们就会说‘这就是宇宙’,即便宇宙的运行当然跟模型的有所不同”,天体物理学家马尔科姆·朗盖尔(Malcolm Longair)这样描述。物理学家约翰·博尔顿则做了如下总结:“这不是真实的世界。这是一个模拟世界,但你希望它捕捉到现实的一些核心层面,至少从深层次角度如此,就好像系统做出反应一样。”

存在这样一些模型,它们具有欺骗性,看起来跟现实相仿。显然,它们不单单是几个数学方程式,而我们可以利用它们的解来描述任一系统的行为。现实中的模型总会跟电脑有些关联。自科学发端以来,就有了数学模型,而电脑模型则是一个较新的发展结果,直到20世纪90年代以来才成为哲学的讨论对象。电脑模型仅仅是由电脑演算的模型吗?或者说科学经过模拟发生了根本变化?

ooo

模型唤起了我父亲的记忆,他说:"如果人类想理解黑洞的演化,那就需要模型。这一点你在做博士研究时已经探讨过了,对吧?"

"对,正是这样,不过我研究的不是黑洞,而是星际介质中的激波。呃,这一点你应该已经明白了吧。"

"嗯,是的,你没有讲过任何有关黑洞的事儿,这一点我记得的。"

"若要对黑洞建模的话,就需要我做博士研究时不需要的东西:爱因斯坦的广义相对论。毕竟这涉及一种致密的质量弯折了空间。"

"也就是说广义相对论是黑洞的模型?"

"不是,相对论本身并不是。它只是提供了普遍意义上的描述。但为了能够计算一个黑洞,就得把爱因斯坦场方程用到黑洞上面。我们必须在完全特定的情形中来求解方程,在上述情况下,就是针对某个特定的致密的质量。使用这些方程式,就能推导出具体的模型。”

“我也做过许多模型,但多半都是用陶土或者木头做的。”

“对,那么你也知道制造模型时会出现的问题:每个模型都会简化原始物体。”

“是的,否则的话,我们就不必劳神费力,干脆用原始物体得了。”

“正是这样。物理学也是如此。比如说,1916 年,黑洞首次被卡尔·史瓦西(Karl Schwarzschild)计算出来,当时他解出了一个不带电荷、不旋转的均匀球体的场方程。然而,‘真实的’黑洞一般情况下都是被物质包围的,可能也会带有电荷和脉冲动量。”

“那为什么人类不直接计算各种现实情况的方程式呢?”

“人类其实也会这么做,但不再是仅仅用纸笔来演算。从某个时候开始,模型计算变得非常复杂,需要用计算机来进行。然而在史瓦西生活的时期,模型计算肯定是非常简单的,他自己一人演算就可以啦。”

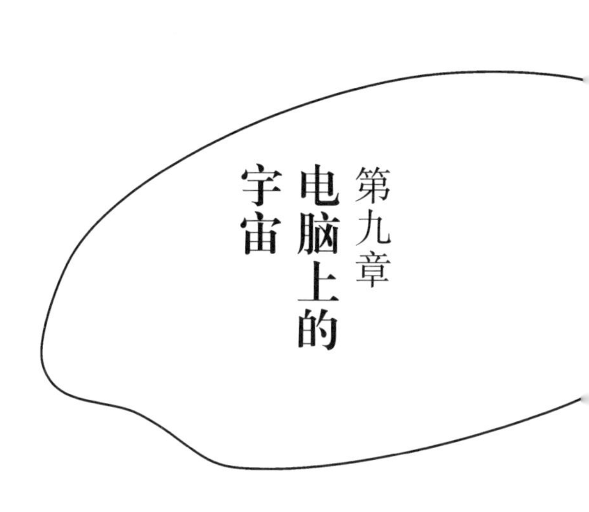

第九章 电脑上的宇宙

模型的主要任务是将现实系统映射成可以用我们的理论计算和理解的形式。模型的复杂性与我们的计算能力密切相关。正因如此,20世纪中期把电脑引入研究领域成为一个好消息:电脑能计算得更快更好。于是我们在数学模型上就不再依赖过程的极端简化,以至于用一张纸和一支笔就可以得出结果。第一台数字化的、可以用于编程的电脑——电子数字积分计算机产生于1945年,它在第二次世界大战期间由美国研制出来,目的是取代“人工操作的电脑”,即在研究实验室里用机械计算机进行演算的女性群体。电脑先是主要用于计算热核反应,最后促成了氢弹的研发。除军工业,气象学也对新型数字化电脑技术颇感兴趣:从计算流体动力学的角度手动计算天气,显然是一个毫无指望的冒险行为。正是电脑的使用,对天气的计算和预测才变成可能。

可以相应地说,电脑扩展了我们可以进入的理论世界,正如望远镜和显微镜扩展了呈现在我们面前的现实世界一样。在对科学问题进行数学表述时,常会碰到如下情境样本:我们知道,特定数值是如何随着时间或地点的变化而变化的。而我们想知道的,则是这个数值的绝对值。有个老问题是:我了解每一时间点我在路上的速度(即位置的变化率),想从中推导得知,假如我仅仅知道自己的起点的话,我在每个时刻分别置身什么地方。此类问题可以追溯到被人称为微分方程的数学模型。微分方程是经典难题,虽说有一些已经解出来的标准情况,但很快方程式就变得非常复杂,以至于人类无法手动求得解析解。

而现在电脑所做的工作,就是运用一种对此人类必须付出极大耐心的方法。电脑不是为问题寻找一般意义上的数学解法,而是从已知的初始位置(比如说从我行程出发的地点)开始,从那里向前移动:假定我以每小时 20 千米的速度开始,照此速度,五秒钟后我就到了 XI 地点。在那里我核实一下,五秒过后我的速度是什么样的,每小时 18 千米,于是我计算一下,如果我下个五秒钟按照每小时 18 千米的速度行进,那么我会到达哪里,以此类推。在这些计算过程中,我们人类可能会疯掉。但此处我们已经可以看出,它涉及的是一个取近似值的方法,因为在首个五秒钟里,我行进的速度显然不是每小时 20 千米,而是减速了每小时 2 千米。通过缩小计算点之间差距的方式(把运算安排得比描述的稍微精细一些),可以将由此产生的误差降到最小。采用这一方法,就有可能解决人类在电脑发明以前束手无策的问题。

理论上，电脑建模的工作方式如下。首先，存在一个特定的问题，而且我们知道这个问题属于哪个科学理论的领域。其次，我们从该理论中推导出一个数学模型，用于描述具体的问题。在这个过程中，我们必须拥有有关该问题的物理信息，比如物理尺寸和材料属性。到这一步，建模方式还和电脑产生之前相同，唯一的不同之处在于，在开发数学模型时不需要引入额外的简化，因为计算机能够处理复杂的计算。再次，我们必须将得出的数学描述转化为一种算法，告诉计算机如何逐步解出这些方程，这一步是电脑模型运算的关键。最后，电脑输出有待解析的数字形式的结果。

但以上描述是有一点理想化的，因为尽管电脑运算比人工计算好得多，但在性能方面还是存在局限。如果按照上述说明，把复杂的物理问题翻译为电脑算法，同时兼顾所有的物理细节，就能很快生成即便是在大型计算机集群里也必须常年运行的电脑程序，直到得出最后结果。只有在例外情况下，我们才耗得起这么长的时间，一般我们会想要快点得出结果，特别是考虑到电脑处理向来都是比较昂贵的。因此，人类又面临和以前相同的问题：我们如何进行简化，以便在模型中只考虑建模系统的相关特性，同时忽略不重要的细节部分？

1. 电脑程序的技巧

用电脑工作的时候，可以采用很多方法来简化问题，让电脑更好地处理它们。比方说，可以对在模型中起作用的某些过程进行粗略估算，而不是进行物理上的准确描述。举个例子吧，如果我想对自己的体重建模，一个相关因素就是每天的卡路里摄入量，这一点可以从每天的进食中计算得出。如果我觉得计算太过麻烦，可以简单地假定每天的固定摄入量为1400卡路里。平均值可能是这么多，但我的假设自然是去掉了所有偏差，比方说因为油腻的圣诞大餐等例外情况而产生的差异。这种类型的简化不是来自理论（此处指的是有关不同食物卡路里含量的理论），而是基于实际数据估算得出的（对自己的进食情况进行一段时间的观察，在此基础上推断而出）。

在天体物理领域，经常存在的问题是，在对系统进行数学描述时，如何处理多个不同尺度上发生的各种过程。比如说，我描述一个星系，说它由尘埃、气体、暗物质和按照特定方式排列的恒星组成。但是在每一个地方，我都可以对任意细节进行放大，例如气体存在于不同态中，它可以是灼热的，由离子构成；也可以是冰冷的，由原子构成；如果它温度更低、密度更大的话，就由分子构成。我在星系的哪个地方找到了什么状态的气体,取决于气体是如何升温、热量是如何散发的,而这一点又取决于气体的化学构成以及周围发生的升温过程。最终我们停留在纳米量级微观过程的尺度,尽管事实上我们原本想要从几个光年的尺度来描述星系。因此,我们必须在某个地方做个简化,声明如下:在比太阳系的膨胀还要小的尺度上发生的过程,我们不会关注其细节。尽管如此,这些细节当然还是会起作用。这个所谓的"次网格物理"作用,即在模拟中无法解析出来的尺度上对物理过程进行质性研究,对电脑模型来说是一个典型而又困难的问题。通常,这个问题的解决方法是像上文所说的那样,对那些分成细小尺度的过程进行大致简化的描述。

在气象学领域,也存在相同问题。在这里举一个大家熟知的有关云朵的例子。即便云朵很小,也会对天气的变化起到重要影响。显然,在复杂的天气模拟中,不可能单独计算每一朵云。但我们怎样才能准确考虑它们的作用呢?这个问题尚未得到满意的解决,成为大家积极探究的对象。从这样的实例我们可以看出,电脑模型的发展至少跟传统模型一样,都建立在以下能力的基础之上,即通过巧妙的方法、简化和取近似值来解决问题。与电脑发明之前相比,尽管我们可以解决更多问题,但最基本的问题还是原来的那一个:模型必须对被模拟的对象进行简化处理,可问题是能够简化到什么程度。

2. 如果数字化引发问题的话

问题还是同一个问题,甚至可以说它变得更严峻了。这是因为模型的复杂程度随着演算能力一起提升了。虽然我们无法亲眼看到电脑的运算过程,但在复杂的算法中,要想了解一下电脑运算的概貌,都是有难度的。在计算过程中,电脑会顺带考虑哪些因素,而哪些又不会考虑,这也与科学模拟的发展相关,毕竟它也发展了好几十年。有时候,接连几代博士生和博士后研究者写代码,写来写去都围绕着某个源码进行。一开始代码还不成熟,只包含最基本的方程式,但渐渐就补充进去越来越多的细节,而且运用了附加步骤。

在我的博士研究过程中,任务正是如此。我打算进一步开发的数学模型,在 20 世纪 80 年代就已经出现了。它描述的是星际介质中的激波,至于什么是激波,实际上可以借助通常意义上对触电经历的理解来解释清楚:某个东西突然出现,好像从虚无中降临一样,没有任何征兆,它会引起持久的变化,导致温度突然升高,使人感觉被置于压力之下,这种感觉会持续一会儿,直到一切恢复原状。某个东西突然出现,这在物理学上意味着,没有什么信息载体比这件事本身来得更快。在空气动力的背景下,一旦出现比声速运动更快的干扰,情况就是这样。

如果我们了解飞机穿越声障的情况,就会明白是怎么一回事——声障由声波组成,而声波比飞机运行得更快,飞机的速度越接近声速,声波就会压缩得越紧密,直到飞机最后将它自己制造出来的声波抛在后面。

宇宙中存在很多引发激波的事件,比如超新星探测、年轻原恒星的大规模坍缩,或者是星系撞击。数学建模的任务是理解某些观测现象的物理背景,这在天体物理领域出现得较为频繁,就像我们之前在谈福尔摩斯方法时说的一样:“当我观测通常可以暗示激波存在的光谱线条的特定组合时,射线来源地会存在什么特殊类型的激波,而又有哪些其他观察可以进一步强化或削弱这一假说呢?”利用激波模型,我们尤其想了解的,就是激波本身的性质,以及周围环境的物理和化学特征。由此我们又可以推断出导致激波产生的过程,也就是年轻恒星、超新星或者是星系。

然而,在20世纪80年代出现的激波研究中,一开始的中心问题压根就不是利用模型来具体解释观测到的各种现象。其目的更多地是借用模型,从一般意义上了解激波这一现象,采取的方式是逐一测试各种过程:化学在其中发挥什么作用?微尘对激波起到什么作用?在什么条件下可以假设激波的特性在时间的长河里没有发生过变化?不同的过程会逐一实施,然后看看产生的激波在脉宽、温度、能量密度和化学特征等方面的变化。直到20世纪90年代末期,一方面,相关模型才得到了足够开发;另一方面,质量够好的天文数据才得以出现,能够将模型与观察到的现象从细节上进行对比。时至今日,激波模型成了一个解释测量数据的标准化工具,它面向公众开放,广为使用。

在过去整整30年里,可能有近100位天文学家参与模型开发。单单是首个相关出版物系列,即1985到1989年间发表的《星际分子激波的理论研究(第1到10辑)》就由八位学者编写,其中有两位就是该代码的“缔造者”,当时他们尚还处于事业刚刚起步的阶段,而今天已经荣休。自他们出版第一辑之后,就互相变换署名顺序,推出了数百本其他相关出版物,而在每本书中,代码都会得到一定程度的完善。至于我本人,前几年也取得了一点相关研究成果,发现了尘粒在冲击中混合、碰撞以及相互破坏时带来的影响。在研究过程中,我通过数千行的源码对算法进行了加工,目的是搞清楚电脑到底在演算什么,发生在什么时候,精确度又如何。尽管如此,对于有些软件的某些方面,我从未深入研究,因为它们对我探究的问题没有发挥大的作用。连同数代人不断改进的代码,这意味着一种什么样的模型怀疑主义态度呢?一如哈金所持的那样?

3. 越来越大的电脑模型

电脑模型就好像扩大的城市。在城市里,存在一个相对来说可以一览无余的核心区,随着时间的推移,中心周围会建造越来越多的聚居区和郊区。通常情况下,总会有一些人能对整座城市有一个大致了解,而很多人只了解自己所住的城区,还有些人除了知道自己的住处,其余一概不知。最后一类人,就相当于把模型当作“黑匣子”的使用者。他们设置输入参数,让模型自己工作,却没法准确了解模型里到底发生了什么,接下来,他们就利用模型得出来的结果进行下一步的工作。只要模型的开发和结果记录得当,上述行为应该没有什么问题,有时候甚至是无法避免的,原因如下:天文学家熟悉的主要是观测数据的处理,不可能同时又是建模方面的专家。尽管如此,若要利用模型本身来解释所掌握的数据,就难以避免需要相信模型及其开发者,在存疑的情况下向开发者求助。在日常生活中也经常如此,我们所使用的大多数仪器的运行方式我们了解得并不透彻,但这并不意味着我们就会立即陷入困境。

然而,一旦在模型使用过程中忘了它的局限,就会出现问题。我们前面提到,每个模型都建立在对原始系统最重要特征的利用这一基础之上,至于所有不重要的细节,一概不予考虑。什么重要,什么不重要,却总是取决于旨在使用模型回答的那个问题。一旦模型的使用范围发生变化,就必须重新检查模型的有效性,为此就需要了解模型到底是如何工作的。一个模型究竟是否适合用来回答某个问题,有关这一点,学者们通常需要花费大量研究时间。相比之下,这一研究活动在已经发表的学术成果中所占比重较小。

这里潜藏着一个危险,其原因是:发表压力越大,投入“仅仅”从质量而非数量上提升发表频率的测试的时间就越少,省略安全检查并在适用范围之外仍然应用相关模型的可能性也就越大。同时,模型越复杂,对它的适用范围进行实际估计的难度也就越大。复杂的电脑模拟这一特性,被哲学家称为“认识不透明性”。电脑模拟的各个组成部分如何具体地联合起来发生作用，从而生成某个确定的结果，要理解这一点是比较困难的。这一情况上文已有描述，跟利用混合后的烘烤配料烤出糕点差不多。我们大致了解混合配料包含什么成分，遵照说明使用上述配料，最后得到的成品就跟预期的一样。但是借助混合配料，却无法学会烘烤。从中我们学不到有关烘焙艺术原理的基本知识，这尤其意味着，如果某个时候试图用柠檬蛋糕的配方来烘焙巧克力蛋糕，就会遇到困难。除非是花精力仔细了解柠檬蛋糕配料的成分，才能在掌握这一知识的基础上，调制出巧克力口味蛋糕的新混合配方。因此，建模是需要时间的。对模型必须不断进行批判性的检验，对建模也是如此。

科学模型的开发是一项数代人接力的事业，这一事实还产生了另一影响，它让人类对模型内部工作状态的准确了解变得至关重要。上文讨论天文现象分类这一主题时，就已经谈及女哲学家施特凡妮·鲁菲，她在 2011 年发表了一篇探究星系的复杂模拟的文章，文中谈到了上述影响。她分析的问题是，模拟的漫长发展如何导致了建模的“路径依赖性”。她想表达的是，在运用不同物理原理的时候，我们必须做出决策：要运用特定的方式方法来进行建模，尽管还完全可能存在其他的建模可能性。举个例子，我们把尘埃描述为小球体，而本来也可以将它描述为椭圆体。再举个例子，在描述电磁射线时，我们使用立足于随机数的蒙特·卡罗算法，而不是遵照传统范式，用电磁波传播方程来演算。

这就好像我们在没有地图的指引下从某一点开始徒步，到达岔路口时，出于特定原因而选择向左或向右。最后，我们会抵达一个可能符合自身原来期望的目的地,至于在某个地方向别处拐弯可能会出现什么结果,我们几乎不考虑。当然,我们可能也会抵达其他许多不同的地方,它们也许看上去也很“不错”,这也是事实。鲁菲描述的危险在于,我们会忘记以上事实,某个时候就会产生执念,认为只有自己所走的那条路才是唯一可行的。套用到科学领域,则是这样:自己的模型,就是可以用于特定现象的唯一可能模型。因此鲁菲呼吁,必须系统研究备选模型,以便更好地把握各种模型的适用性。若是掌握了同一现象的十个模型,就可以对比一下不同模型的预测。若是不同模型所做的预测各不相同,就可以大致判定,所有这些模型都不是那么靠谱。实际上,这一方法已经为人所用。但这个研究备选模型的问题也跟科学政策息息相关:备选模型的开发不一定会给科学家带来特别高的声望,却意味着巨大的工作量。归根结底,如果想要推进研究,就不可能实现建模的所有可能方式,因为有着太多太多的可能性。更有前途的是,将不同的方法结合起来,以便检测特定模型的有效性。

4. 跟模型“玩耍”

对各种模型和模拟的检测催生了一个庞大的行业,这一点并不为怪。试想一下,飞机的飞行就是建立在模型计算的基础之上。如果天体物理领域时而有相关研究成果发表,证明模型也犯了一些错误,这可能也不意味着世界末日。然而,一旦把模型和模拟用于实践,其运作在最糟糕的情况下甚至可以决定生死,那么保证人类可以依赖相关运算,就显得至关重要。相应的技术称“检验与核查”。正如女哲学家温蒂·帕克(Wendy Parker)曾经简要总结的那样,人类可以这样理解上述名称:“检验”就是看看模型计算是否正确,而“核查”则是确认参与计算的是不是那个正确的模型。所谓“核查”,意指电脑是否计算的是指定给它计算的东西,最后是否得出了所处理问题的正确结果;而所谓“检验”,是指电脑模型有没有自主选择适合用来解决相关问题的模型本身。

听了上述分析之后,可以发现最复杂的步骤显然是“检验”。何时可以断言,模型在特定问题的范围之内正确反映了特定现象?何时又可以宣称,我们选择了正确的数学方程式、正确的简化手段、合理的假设和可行的方法?最简单的策略,正如上文所述,是将模型与实际数据进行对比。若是用被模拟的系统开展现实中的实验,并在模型中重现这种情况,那么在模型和原始系统中理应出现相同结果。或者说,两者之间的偏差应该位于我们致力追求的可控范围之内。当然,这里确实存在一个典型问题:因为现实系统的复杂性,通常无法进行实验(可以想想气候模型这一实例),这一点才是人类开发模型的首要原因。但有时候也确实存在以下可能性,即在简化了的实验条件下,至少是部分测量被模拟的系统,然后将测量结果与模拟结果进行比较。就气候模型这个例子而言,我们就可以利用以前的测量数据,检测一下使用该模型能否重新得到相关数据。

另外一个策略是,把模型用到一个特别简单的案例上去,简单到可以“手动”解出基础方程式,这样就可以把利用模型得出的准确结果跟数学计算后所得出的进行比较。例如,在激波模型中,可以将所有复杂的微观物理过程排除,仅求解具有不同边界条件的流体动力学基本方程,而这几乎是每个天文专业的学生在校时都必须做的事情。另一种方法是,正如前文所述,我们也可以比较同一现象采用不同模型而得出的结果。若是各个结果之间偏差巨大,那就说明该现象在很大程度上依赖相关建模的细节,这时就要谨慎对待,不要过分拘泥于不同建模产生的结果。

除了这些明确的方法外,作为一个模拟者,随着时间的推移,你会对模型产生某种感觉。就好像好的烘焙师了解蛋糕的面团一样,模拟者知道自己的模型在不同情况下如何运行,清楚改变代码中的某个细节会发生什么情况,也明白模型的优劣之处。为了培养这一感觉,就必须跟模型“玩耍”,抽出时间对源代码进行变更,看看之后会发生什么,或者输入不同参数让模型自己运行。这种对模型的感觉,有点像我们对家里的各种器具产生的感觉。比如说我之前租过一间房,里面有个非常奇特的燃气灶:因为厨房用具设计特别,特定的锅必须放在特定的炉子上面;另外,每次打火时有个炉子会燃起熊熊火苗,因为那个地方的燃气传输不正常。最后,我处理起来倒是轻车熟路,但不是特别了解情况的客人每次操作都可能会烫伤手指。对于模型来说也是如此。经常使用模型的人知道什么好使、什么不好使,什么可以信赖、什么不能指望,以及怎样处理故障,让模型即便出现差池也能完成任务。

在这方面,建模与实验室中的传统实验有着很大相似性。做实验时也会出现这个问题:实验是否达到了预期的效果?我是否可以相信实验结果反映了外部世界发生的事情，即便实验装置相对外部世界更为简单，即使我作为实验人员可能在实验设计中的某个地方犯下了错误？检测实验的策略，归根结底，跟以上所述检测电脑模型的策略并无二致。那些尝试着理解电脑模型认识论，即研究怎样用电脑模型来探测世界的哲学家，可能会觉得轻而易举，因为他们只需直接采纳同事们跟实验哲学相关的诸多观点。有一位同事我们已经认识，他就是伊恩·哈金，实验哲学的创立者，自称对电脑建模并无多大兴趣。这里我们可以看看他是怎么说的，具体如下：天体物理学家在检测其模拟的过程中，有没有遇到什么特殊问题？就其现实性方面而言，天体物理模型特别难以评估吗？

5. 检验模型

在实际操作中，今天所有的学科在很大范围内都立足于对复杂模型和模拟的运用，天体物理也不例外。而且这门学科还特别依赖模型，因为它探究的很多现象都发生在巨大的时间和空间范围内，现象发生的物理条件也非常极端，这导致实验人员无法在实验室里展开研究。然而，对天体物理模型的检验，会像伊恩·哈金可能会断定的那样，是一个特别困难的任务吗？如果我们先浏览一遍前面章节提到的可能试验，首先就会发现，对天体物理模型进行实际检验是有难度的。

开展对比实验并非那么容易,因为我们无法直接拿宇宙现象来做实验。虽然可以与那些仅用纸笔来简单演算的两可情况进行对比,但这些简单情况与超级复杂的天体物理现象之间的鸿沟太大,以至于无法真的依赖对比实验这一方法。将各个模型进行对比可能是一个有效策略,但问题在于,通常情况下,没有足够数量相互独立开发出来的模型。举个例子,在全世界范围内,也许有五个分子云形式的星际激波的数字模型,但我们不一定能期望从模型那里得出近似结果,因为它们可能含有不同的物理过程。我们仍然需要采用以下方式亲自检测模型:在模型中检验单个过程的影响,并将这一影响与物理预期进行对比;让模型在不同的边界条件下运行,了解模型的运转分别会如何发生变化;或者一般而言,在与模型进行频繁互动的基础上,模型开发者培养出一种感觉,可以感知模型的优缺点及其局限性。但在实际操作中,对天体物理模型的检验看起来到底又是什么样的呢?

女社会学家米凯拉·桑德博格(Mikaela Sundberg)在 2012 年曾密切观察过 11 位模型开发者,并对他们进行访谈调查,探究他们论证其模型的说服力的方式。这位女学者提出的根本问题如下:天体物理学家如何解释复杂模型经常输出的意料之外的数学结果呢?她把“现实”效果与“人为”数学模型之间的区别描述为核心挑战:某一数值结果的特征归因于被模拟现象的属性,或者仅仅因为建模方式而产生?如果我在模拟年轻恒星的辐射时发现它释放辐射脉冲,是否意味着这颗恒星真的产生了脉冲?或者仅仅说明数值计算并不稳定,由此人为制造出了脉冲?

桑德博格描述道，天体物理学家可以用一系列检测方法来排除数值问题。如果在输出数据中出现特定模式，比如说脉冲，科学家通常会对模型进行轻微修改，以确保模型内部的物理规律保持不变，只是计算程序里的演算方式发生改变。由此一来，数值引发的效果会在大多数情况下消失。这一做法就跟实验人员的操作一模一样，正如我们在有关欠定问题的那一章节里了解到的一样，实验人员也会检测其实验是否受到干扰因素的影响。如果我们改变了某个跟研究现象无关、只跟实验装置相关的影响因素，那么只要实验确实仅仅受制于现象的话，实验结果应该也不会发生什么变化。就电脑模型而言，比方说我们可以改变空间分辨率，改变输入参数，或者也可以修改问题的空间维度。

采用上述方法，我们可以发现数学上的问题；但如果反向进行的话，则不一定可以保证结果确实可靠，因为可能只是测试了错误的干扰因素。在进行更深入的检测时，桑德博格区分了两种不同类型的模型：理想化的和现实的。主要区别在于：理想化的模型被简化的程度过高，它们虽然可以让人理解正在进行的过程，但不会让人提出模拟真实观测的要求。相反，现实模型的目标是重现实际观察结果，它们包含很多物理细节和从观测数据中推导出来的输入。

理想化模型足够简单，可以与用传统方法算出来的基本方程的解进行比较。我们从这些基本方程出发，就可以试着进一步了解模型里发生了什么，以便最后援引先前用过的模型结构，解释为什么输出结果看起来是它现在的样子，例如恒星开始产生脉冲，是因为中期的发热导致冷却，然后再次以升温告终。如果存在这样一个物理解释，就有足够理由相信这一模型的科学性。相反，如果是现实模型，我们则期待它们经得起与天文观测之间的对比。若模型的输出结果显示跟宇宙现象一样,那么在桑德博格看来,天体物理学家就有充足理由相信该模型。不过这里也存在以下问题:虽然一个模型可以产出符合宇宙观测的结果,但其产生原因却跟宇宙现象的不同,这完全是有可能的。

在对激波的建模中,可以找到以上情况的对应实例。我们已经看到,激波会导致介质的突发变化。被冲击的气体突然升温,密度变大。突发过程在数值上永远都是一个问题,因为比之其他所有相关的物理过程,前者发生在一个短暂得多的时间范围内。如果我们要让电脑来解出“真实的”物理方程式,算法就会在激波中进行“定点运算”,而不会继续计算下去。因此这时就需要使用数值技巧:人工创建这种突发转变,然后再让电脑解真实的物理方程式。这样一来,激波看起来就像我们希望的那个样子。但它的中心部分并非由首要的物理定律生成,而是人工“仿制”出来的。这一点在本例中不成问题,因为我们非常了解其基本的物理原理。但这个例子却显示,我们完全可能出于“错误原因”而生成了“正确结果”。仅仅因为一个模型提供了看似正确的结果,并不意味着其内部结构与实际发生的情况相符。在检测真实模拟之时,时刻记住这一可能性颇为重要。

6. 建模的艺术

如果要利用天体物理模型从天文观测中推断出背后的物理过程，根据桑德博格的观点，存在以下问题：简单模型适合于帮助人理解物理过程，但其复杂程度太低，无法得出类似真切观测的结果；相反，复杂模型难以理解，但可以产生看起来像真实观测的结果。在实验学科中，无论如何，我们还是有可能在实验室中降低现实系统的复杂程度，将更简单的模型与实验数据进行对比。从这个方面来说，哈金认为天体物理处境糟糕，是有道理的：借助模型和真实系统之间的对比实验来检验模型，效果会很差劲。但这一问题也不是天体物理独有的，比方说气候研究中也会出现这个问题。

这就意味着，天体物理中的模型使用要比实验学科中的使用更困难吗？对此，大家可能会像以往一样意见纷纭，但我个人认为，它首先只是意味着，在复杂模拟时要特别重视对模型的透彻了解，这一点尤为重要。我们经常可以通过以下方法进行相关了解，先是跟较为简单的模型“玩一玩”，目的是培养一种感觉，对即将开始的物理过程的重要性及其运行方式有所感知。对模型可以预期的准确性，模拟者培养出了一种有着惊人的可靠程度的直觉。再次用面包的类比：一名优秀烘焙最终会知道,要让之前脑子里浮现的蛋糕出炉,得把哪些配料混合在一起。至于为什么就是要把特定量的这种或那种配料搅拌到面团里面,他可能不一定解释得了(经常他连配料称都不称一下),但他清楚的是,他可以依赖这一能力。

评价模型的困难在于,在某种程度上,它们要么同时正确,要么同时错误。之所以说模型是错误的,是因为里面包含简化、理想化和取近似值等因素,是因为模型简单地舍弃了所代表系统的很多特征,而对其他特征的描述则与它们的真实面目并不一样。之所以说模型同时又是正确的,则是因为我们可以从中了解到世界上的真实现象。不过,这一认识要求科学家具有充足的经验和丰富的知识。一方面是有关真实系统的知识,具体说来就是了解哪些过程相关,而哪些无关;另一方面则是有关模型的知识,也就是熟悉模型的运转、具体的算法以及系统的数字化运行。模型之所以具有较高价值,是因为它们通过简化的方式,让我们了解本来非常复杂的现象。然而,它们不可避免地是原始现象的

“非完整”代表。建模的艺术在于，可以估计这一非完整性产生的结果，同时估计模型预测因为简化而包含的非准确度有多大。跟其他学科相比，这一点在天体物理领域里的表现也没有什么不同。事实上，科学家也在这一估计上花费了大量时间。在发表实验结果之前，我经常会跟同事们就所用模型实际上是否可靠讨论好几个月，同时讨论的话题还有如何用最新的实验来检测其可靠性。重要的一点是，科学界应该对这一行为支付酬劳，因为彻底性不一定会反映在大量出版物中。

7. 在模型与实验之间

已经出现过好几次这样的情况：我坐在学术会场听报告，开始放飞自己的思绪，突然之间，我就被演讲人的一句始料未及的话震慑住了。那句话是这么说的：“下一步我们就换了一种初始分布，让实验继续进行，看一看在这些初始条件之下，会形成哪些星系。”一个能形成各大星系的实验？哇，好酷啊，真的吗？报告人已经接连做了三场报告，我处于一种昏昏欲睡的状态，而我的脑海中立马闪现出各大星系浮游过实验室的画面。当然，报告人说的类似的话，从来都不能从字面意思去理解，同行只是启动了一个具有不同初始条件的模拟，看看会出现什么结果。

把模拟称为实验,这并不少见。从上文我们已经看到,检测模拟是否可靠所用的方法,跟检验实验设计所用的非常相似。尽管如此,在某种程度上把模拟称为实验,还是有点特别,不是吗?第一个明显区别:实验测量的是现实世界的运行方式,而模拟“测量”的是被模拟的世界的运行方式。但事实并非如此简单,因为我们也可以提出异议,声称实验测量的才不是现实世界,而只是这个世界在人工生产的实验条件下留下的东西。这部分跟真实世界有多少共同之处,还有待解释清楚,就好像被模拟的世界跟真实世界之间还有多少共同点也有待澄清一样。另外,在实验里面,最后也会降低复杂程度,探究理想化了的条件。为什么实验结果必须完全适用于实验室以外纷繁芜杂的现实状况呢?

实验行为和建模行为看起来甚至具有惊人的相似性:在两种情况下,都对代表世界中某一类现象的物理系统(实验装置或电脑)进行了操作。然而,人们普遍认为,在实验中,操作系统与世界中的现象之间的关系比模拟背景下更为紧密。但这一直觉是否合理?以下证据可以说明这一直觉并非空穴来风:在实验环境中,源系统和实验之间存在着深层的物质相似性(两者都由相同的物质材料构成),而这一相似性在模拟背景下则仅仅体现在结构层面,也就是说只是表现为过程的形式方面。因此,从原则上来讲,我们可以在实验中获得知识,而无须具备先验知识;若是要进行模拟,则必须对相关现象有相当多的了解。

哲学家埃里克·温斯伯格(Eric Winsberg)断定,模拟和实验之间的区别在于,实验人员对其研究有效性的判定方法跟模拟人员是不同的。在模拟中居于中心地位的问题是,电脑模型是不是现实现象的合适代表;相反,证明实验室里进行的探索是否真能代表世间现象,这一点恰好不是实验人员关注的焦点。他们更关心的问题是,在实验室里是否正确控制了所有可能的干扰因素。无论如何,值得注意的是,科学哲学家在努力找到一个在所有可能情况下都适用的明确区分模拟和实验的界限时遇到了一些困难(这也是一个典型的哲学问题)。也许可以简单地总结如下:就自身研究的可靠性而言,两类群体——模拟者和实验者都会遇到问题,而两者都设计了好的策略来处理这些问题。就实验而言,哈金曾经详细探究过相关问题。也许我们可以把以上总结视为天体物理重新崛起的阶段性胜利,并在此做出定论:在建模背景下,情况也完全没有什么不同。从这个意义上说,天体物理就不会只是因为其研究在极大程度上依赖模型,被自动贴上不可靠的标签。

有趣的是,天体物理学家有时候声称自己也会做实验,这一点不单单涉及模拟。在从事观测工作的天体物理学家那里,经常也会听到类似的口头禅。举个例子,这话可能是这么说的:“为了研究年轻恒星的行为,我们利用了宇宙作为我们的实验室。”粒子物理学家可能会在狭窄的环形加速器里面挤作一团,言称开展实验的实验室就是宇宙本身,这听起来就已经很潮了。当然,这也会引出以下问题:天体物理学家口中的“做实验”到底是什么意思?哈金的激动到头来都是徒劳无功的,而天体物理学就其本质而言确系一门实验学科?只是说它的实验室比一般实验室大一些而已?

ooo

我父亲追问道:“若是用电脑来演算模型,那就可以把模型弄得要多难有多难吗?就好像我不再用泥土搭建出模型的大致轮廓,而是用3D打印机照实仿建这样。”

“原则上是这样,但电脑也有局限性,它的工作效率也不是高到无穷无尽的。所以在让电脑来演算模型的时候,也必须做一下简化。”

“嗯,至少要稍微简化一下嘛。”

“对,尽管如此,大多数情况下,简化程度还是很高的。因此模型能在多大程度上模拟现象那个问题总是存在。尤其是我们无法‘看见’电脑到底在计算什么。从这一点来看,电脑模型可能也有危险性。”

“有多大程度的危险性呢?”

“如果我们自己用纸笔来演算的话,就知道自己做过什么,清楚自己提出了哪些假设。从某种程度上讲,我们知道模型的错误概率,以及在什么地方会犯错。而就电脑模型而言，我们所知的就没那么清楚了。”

“是的，这一点我可以想象，在电脑演算的情况下，其结果就自动变得非常稳定。”

“稳定是肯定的，但那也只是个模型，有着自己的简化程序和不足之处。所以使用电脑模型的时候，我们也必须时刻注意是否应该相信它，以及从中真能学到什么。”

“但我们实际上是从黑洞那儿打开话匣子的，一开始讨论的话题是黑洞的演化。”

“是的。假设我有一个电脑模型，它模拟出了一个‘轻的’、吞噬了越来越多物质的恒星黑洞。如果我让模型运行足够长的时间，就会发现这一恒星黑洞演化成了一个中等质量的黑洞，并且用一种特殊方式影响了它的周围环境。假如在银河系的某个地方，我确实观察到了模拟得出的最后结果，那么该模拟就为我提供了可能的演化场景。模拟向我呈现的是从恒星黑洞演化成为中等质量的黑洞，这在现实世界中是有可能的。”

“那么这就意味着事实也是如此？”

“不，它仅仅说明事实可能会是这样，这是一个可能的故事。至于它是否属实，还必须加以检测。我们采取的方式是，看看模拟除此以外还预测了什么,并对照起来看看既有的观测结果。接下来,当然还得对模型进行通盘检测,确保输入的简化程序不至于大到让整个模型变得毫无价值。”

“在我听来,好像是一个相当不确定的故事。”

“这跟数据分析差不多。不确定和出差错,这在科学研究中比比皆是。造就一位优秀科学家的,就是处理好这些不确定因素的能力,以及学会估计各类模型和数据适用范围的能力:知道什么可以下定论,什么做法是大错特错。接下来,我们要讨论的是宇宙实验室。”

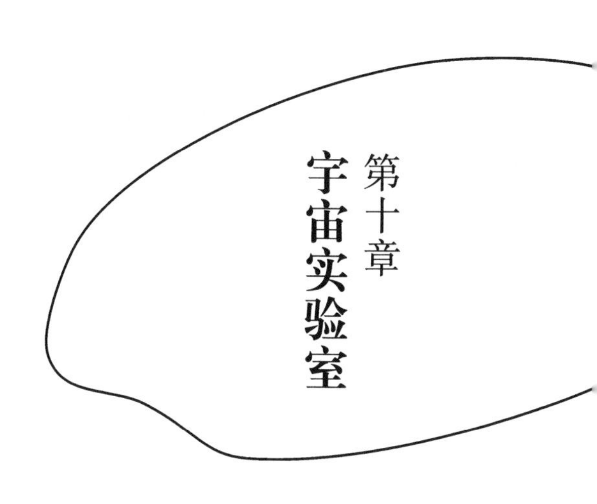

第十章 宇宙实验室

20 世纪 80 年代，我在巴黎的教授曾与他的英国同事开发出了激波模型，教授经常挂在嘴边的几句话是："xyz 区域的某次激波关我何事？了解它的速度及周围分子云的密度又对我有什么用？我真正想要了解的是普遍情况下激波的运行方式！"前面我们主要探讨了福尔摩斯方法，并且致力于用一个具有因果关系的故事来解释特定观测的任务：这个地区发生了什么让我们今天正好能观测到我们所观测到的现象？为了回答这一问题，天体物理学家一方面采集观测数据，另一方面开发各种模型，借助假定的物理场景来解释以上数据。照此方式进行的话，天体物理就跟考古学或者古生物学颇为相似，它们所研究的，都是对单个事件或现象的理解。

但天体物理显然不只是这样,它感兴趣的内容,还包括宇宙中的普遍规律。激波是如何发生作用的?一颗典型恒星是如何演化的?各大星系是如何产生的?超新星爆炸过程中发生了什么?这些问题涉及的主要任务,并非为了解释总是受到所在外部环境条件影响的单个观测,而是为了描述一定类别的对象中普遍的、有代表性的例子。我们再回忆一下先前所举的体育馆的例子,围绕它的主要任务是,从对所有观众的个体观察中推导出人的典型人生道路(而不是解释为什么某个作为个体的人会成为他今天的样子)。其核心问题是区分以下内容:哪些特征归因于环境影响?哪些是所研究现象的组成部分?胖子和瘦子本来就是人的不同类别吗?还是说他们是因为外部环境(饮食供应)不同而看起来不一样?胖子可能变瘦吗?女性可能变成男儿身吗?

先前在讨论分类之时,我们就已经遇到了上述问题。如果体育馆里的外星人还不具备更深层次的理解能力,而只是将观察到的个体按照外形分类,他可能就会把胖子和瘦子定义为两个不同的类别。外星人为了证实结论正确与否,迟早会创立一个有关人类发展的理论,并检验能否用这一理论简单地重构在体育馆观察到的个体多样化结果。在设想有关宇宙现象属性的一般理论时,天体物理学家也会执行上述行为。为此,他们需要的就不仅仅是福尔摩斯方法,他们还得在诸多不同的状态和环境中观测想要了解的天体,然后借用统计学方法,试图推导出具有一般规律、不受制于偶然性个体命运的观点。但问题是,这样的行为真的可以称为宇宙实验室里进行的实验操作吗?

1. 在宇宙中进行实验

什么是实验,它们是如何发挥作用的,在本书开头将观察科学与实验科学对照的时候,我们已经有所了解。通常,人们会去寻找一个形式为“A 导致 B”的因果关联:磁场的形成改变了电子的飞行方向,矮星系的碰撞造就了一个更大的星系,巧克力有助于抵抗抑郁。检验类似说法正确与否最简单的策略就是进行实验。我们创造出初始状态 A,看一看是否真的会出现 B。正如我们已经看到的,这里的问题在于,可能总是会有干扰因素出现,即跟 A 一起出现、事实上却是构成 B 的原因的因素,就好像前面讲到的中微子超光速现象是因为电缆没有接好,或者是先前我们在食堂所做实验中哲学系女学生无聊的谈天风格。在实验中,我们尝试着控制这些干扰因素,采取的方式是记录下尽可能多的外界变量并检测其影响。如果室外温度上升了 10 摄氏度,实验进程会改变吗?或者说当一架飞机飞越实验室上空的时候,又会如何?如果实验本身没有发生变化，而我们只是开启或关闭了磁场，由此引发了电子飞行方向的变化，那么看起来确实就是磁场在操控电子的运行轨迹。这就是实验的强大优势：可以通过主动排除潜在理由的方法，来确定引发一个因素的真正原因。

在实验室里，控制环境因素相对简单。在医学实验或者社会科学实验中，处理干扰因素肯定更为困难。以下问题我们比较熟悉：这一药物现在真的起作用了吗，或者说身体某个方面是否有了好转？我们可以通过某一举措来阻碍某种疾病的发生？比如我的母亲就会说，我视力不好，是因为我小时候总是宁愿坐在家里读书，也不到户外玩耍。这个说法有一定的可信度，但要想真正确认，只有通过对比以下假设：我有一个身体条件相同的孪生姐妹，她害怕读书，童年的每一分钟空闲都在户外度过，而今天的她带着一双像鹰一样锐利的眼睛行走世界。因为没有这样一位孪生姐妹，所以我就不能断言我童年的阅读习惯对我今天视力的影响。不过我母亲的说法也不是来自她的切身体会，而是出自她某个时候看过的一项研究。

但在现实中并不存在像身体条件相同的孪生儿这样的实验对象，进行相关研究时又该如何处理呢？我们无法控制额外作用于所研究对象的一切影响，由此不能排除它们在所观察到的效果中发挥的作用。在此类情况下，我们所做的就是将统计学上的边缘群体汇集起来，也就是根据与本研究不相关的参数标准随机挑选到的群体，比如说来自不同社会阶层的孩子，其父母有或者没有视力问题的孩子，其饮食方式各不相同的孩子，等等。倘若取样足够多的话，即便上述“干扰因素”中有一个或多个对所研究的近视的形成这一现象有所影响，在参与调查的所有孩子群体面前,其影响也会相互抵消。假如我们现在将户外玩耍较多的儿童群体与书虫儿童群体进行比较,确实得出了两者在是否需要戴眼镜的需求上有明显差异的结果,那么就可以得出结论:导致近视的真正原因就是孩提时代的阅读热情,而不是其他什么因素。因为阅读习惯产生的影响已经出现,所以说,即使有些孩子的双亲近视而有些父母视力正常,即使有些孩子可能膳食充足而有些营养不良,这些因素似乎对假设也不起决定性作用。

因此,随机化研究原则上为实验提供了一个完美的替代方案。重要的是,被研究的个体在未被研究的特性上表现出随机分布。只要这种情况存在,这些特征就不会成为研究的干扰因素。问题倒是在于随机化本身。我们如何确定,被研究的群体确实呈现随机分布,而不是出现了某个偏差,一个我们没有一眼辨识出来的误差结果?假定我们研究的是城里的孩子,那些家里的房子自带花园的孩子,可能户外活动时间自然就会多一些;买得起带花园房子的家庭可能更富裕,这样的家庭尤其关注孩子的健康,因此也重视高质量的医护照料,而这一点又可能会对孩子的身体发育产生影响。为了理解此类实地调查的真实结论,就得保证其中不存在偏差,假如有的话,务必主动证明该偏差对研究不会产生影响。假如仅仅因为研究中的效果 B 总是会在效果 A 之后产生,那么 B 并不一定是 A 引发的结果。两个效果可能会有重叠,即一起出现,而它们事实上并无因果关联。

最著名的相关案例是:如同英国物理学家兼作家罗伯特·马修斯(Robert Matthews)描述的那样,对比 17 个欧洲国家的数据,可以发现

1980 年到 1990 年间成对仙鹳[①]的数量跟婴儿的出生率存在关联，尽管说这一联系不是建立在因果关系之上，而是归因于两个变量都跟国家的面积大小相关。为了检验这种相关性，可以采取两种方法：比较（国土面积恒定）一国之中仙鹳数量的波动与同一时期婴儿出生率的波动；或者比较面积大小呈现随机分布的国家群体，由此最终消除国土面积的影响。现在我们就可以选取两个群体，一个有着较高的婴儿出生率，另一个有着较低的出生率，并观察这对仙鹳的数量意味着什么。如果实验中的仙鹳数量在两个群体中并不是一高一低，即可知道仙鹳和新生儿之间并不存在直接关联。然而，在真实的实地调查中，又怎能保证调查群体就潜在干扰特征而言具有随机分布，并确保干扰因素对结果的影响实际上被抵消呢？

2. 自然实验

有时候我们幸运地遇到自发的随机过程，它们会自动将研究对象分成不同组。例如，1990 年，美国经济学家乔舒亚 · D. 安格里斯特（Joshua D. Angrist）进行了一项研究，探讨了美国义务兵役制对参军

① 欧洲童话中仙鹳常以送子鸟的形象出现，由此跟后文提到的婴儿出生产生关联。——译者注

者后来就业收入的影响。显然这一影响没那么容易调查得出，因为影响是否报名参军这一决定的，还有跟当事人以后的职场成功与否相关的因素。比如说，对就业市场前景不乐观可能是报名入伍的原因之一。因此，老兵收入相对较低，这并不让人惊讶。在1970年到1972年间，美国采用抽签方法，以决定哪些19或20岁的男子必须参加越南战争。按照各自的出生日期，数字从小到大排列，1代表1月1日，2代表1月2日，依此类推。由此，出生日期的代表数字小于特定数值的所有男子都会被征召入伍。

这种随机分配确保了参加义务兵役制的群体和免除这一义务的群体在统计学的平均值上是相等的：同样聪明、动机性强、受过预备役训练、有兴趣参战、体格健康等等。通过直接对比两个组，安格里斯特在研究中得出了如下结论：被界定有义务参军的青年，最后其平均收入比免除义务者的收入少2.2%。由此看来，服兵役对今后的职场收入会有一点消极影响。由于分组是随机的，因此不必过于担心结果受到干扰因素的影响：取其平均值，应该就会让上述影响自动消失。这种“自然”随机分组，也就是说不是为了研究而特意分组，被称为“自然实验”。它们以一种自然的方式，提供实验需要的因素，而无须人为干预。

另一种自然实验的设计方式是使用一些过程，其中个体被排列在特定的连续刻度上，然后在某个特定值处将这个连续性分为两部分。可以假设位于界线两边的个体在统计学上其实并无区别。举个例子，一所学校对平均成绩优于1.5的学生予以奖励，那么平均分正好是1.5的学生就已经无望获奖，即便可能会出现非常偶然的状况，让他们勉强挤进绩点界限以下的行列。[1] 因此，可以认为他们跟获奖学生之间的区别并不明显。基于这种分组方式，我们可以研究奖励对学生今后学习成绩的影响。

就自然实验来说，另外一个有名的历史案例是对霍乱的研究。19世纪，伦敦被霍乱这一传染病侵袭，当时流行的理论是，霍乱是通过"污浊空气"传播的。然而，麻醉学家约翰·斯诺(John Snow)认为，霍乱是通过受污染的水传播的。约翰·斯诺说服"污浊空气"理论拥护者的决定性论据，是基于被霍乱感染的家庭与其用水供应商之间的比例。当时在伦敦有两家不同的大型用水供应商：兰贝思公司(Lambeth Company)与索斯沃克和沃克斯霍尔公司(Southwark & Vauxhall Company)。在霍乱传染病暴发的1852年的前一年，兰贝思公司沿着河流上游，将其进气管从城市里移了出来，这样一来，它供应的水就不再受到伦敦任何废水的影响，而索斯沃克和沃克斯霍尔公司则没有这么做。

接着，斯诺将两个数据进行对比，一个是接受兰贝思公司供水家庭的霍乱患者人数，一个是购买索斯沃克和沃克斯霍尔公司供水的家庭中的感染人数。其结果是，后者的发病率差不多是前者的十倍。根据斯诺的调查，哪户家庭会成为哪家公司的顾客，以往这大多是随机性的。通常这一决定是由住在伦敦城外的房东做出的。在这种情况下，似乎不太可能是使用水的租户的特征影响对供水公司的选择。进气管

---

① 德国学校分数系统分为五个等级(0～5分)，0分最高而5分最低，分数越低，成绩越好。——译者注

的移位可能也没有影响对供水商的选择，因为这一行动是霍乱暴发前不久方才发生的。两家公司都把水输送到城市的每个地方，都没有偏袒富有或贫穷的家庭。对两个群体在统计上起到决定作用的唯一区别在于，给一个群体供应的是遭到污染的水，另一群体使用的是没有污染的水。接受索斯沃克和沃克斯霍尔公司供水服务的家庭，其发病率明显更高，因此这肯定跟水源供应有关。

这个例子很好地展示了自然实验的工作原理。当你在两个自然随机分组之间看到差异时，解释起来相对简单。分组的随机性确保了许多潜在的干扰因素被自然地排除，研究时无须再加考虑。真正的挑战在于确保分组确实产生了随机的特征。约翰·斯诺必须确保没有任何因素会系统性地影响供水公司的选择，比如不同的价格，这可能会使其中一家公司吸引更多的贫困家庭。只要上述保证能够实现，自然实验就能为所得到的结果提供高可信度。但问题在于：没有办法有针对性地制造实验，或者有针对性地寻找它们。随机过程的呈现形式多种多样，要找到它们得撞大运才行。

3. 宇宙中的自然实验

假如宇宙中存在这样的自然实验，确实就有充足理由把太空称为宇宙实验室。但宇宙里存在自然实验吗？天体物理学有个特征确实会让人联想到实验：越是往宇宙深处观测，就越是回溯到久远以前的过去，因为光返回地球所需的时间越来越长。因此，自宇宙在大爆炸 38 万年以后可以为光子所见，我们就可以在任意时间点研究同一个宇宙，连同它的所有现象。原则上，我们由此可以“现场”同步追踪星系团、星系和恒星的演化，即使这一演化跨越了好几十亿年的时间。但这里的问题在于，在这段时期，不光是宇宙现象发生了演化，而且还有宇宙本身。自大爆炸以来，宇宙就在不断膨胀且逐渐变冷。由过往事件释放的辐射，影响了其他现象的演化。我们再次遇到了如下问题：要把特定宇宙现象的自然演化与偶然的周围环境条件对它们施加的影响区别开来，并非易事；就好像对外星人来说，他并不清楚胖子和瘦子到底是属于不同类别，还是因为原则上可以改变的不同饮食方式而不同。总之，宇宙的发展并不像约翰·斯诺在伦敦碰上的实验，可以直接忽略干扰因素的影响而进行分析。

也许在宇宙中还存在其他产生自然实验的过程，通过这些过程，自然地形成了一个仅有一个参数不同且在其他属性上具有统计随机分布特性的实验组和对照组。比方说有两个分子云群体，其中一个受到强大磁场的影响，而另一个则没有，除此以外，它们的周围环境条件差不多是相同的。我不能排除宇宙中这类自然实验的存在，即使我还没有遇到过一个这样的实验。存有争议的地方，却在于“除此以外差不多相同的周围环境条件”。如果想要判断一下上述假设是否合理，那么我们又面临着天体物理学中反复提到的基本问题：背景信息存在普遍差异。为了判断所研究的现象组是否具有的代表性，我就必须事先掌握这个群体的诸多信息。正如约翰·斯诺在伦敦需要知道，住户在什么样的基础上选择了这家或那家供水公司；我们在天体物理领域也是如此，要准确了解所研究的现象组的各种特征，才能了解其运算行为。但在通常情况下，这一详细信息是缺失的。

此外还有一个对天文学来说较为典型的问题。如果想要把不同天体的观测互相进行对比，那么不同的观测很少会呈现出相同的质量。观测的天体距离越远，其年龄相应越小，在使用同一台望远镜的情况下，对它们的观测也就越不清晰，光线也越微弱。为了能将远距离天体的观测与近距离天体的进行直接对比，就得利用不同大小的望远镜来观察，以此来平衡效果。但这样的平衡并不能总是得以执行。于是就引发了选择效应：在远距离的情况下只看得见最亮的天体，相对较暗的可能发现不了。天体位于同一区域的话，就可以对它们进行质量相同的观测，如果我们试图通过研究位于同一区域的天体集合来规避上述距离问题，另一个问题就来了，即这些天体对其种类来说是否具有代表性：跟位于宇宙其他区域的其他同类代表相比，这些天体在其特殊环境内的演化可能完全不同吗？

以上所有因素引发的结果是，尽管天体物理学领域内广泛使用“宇宙实验室”这种说法，但几乎听不到“自然实验”的说法，这在社会科学领域很常见。相反，宇宙实验室的意思是说，在宇宙诸多不同的环境中，有着不同的天体和现象，其多种多样性令人瞠目结舌。

无论我们如何想象，就年轻恒星来说，不管是在分子云内部的，还是位于分子云边界地带的，存在于另一颗年轻恒星附近的，抑或是在黑洞附近的，等等，可能在宇宙的某个地方就能找到它们的踪影，而无须哪怕是通过"实验"来生成。我们要做的，只是寻找它们。但这并不意味着，我们因此也能运用实验方法，借此可以有针对性地检验其余情况下始终如一的实验设计中单个因素的影响。由此可能会产生什么样的问题，将会通过以下有关恒星演化的例子予以展示。

4. 用作实验室的星团

一个有关"宇宙实验室"的具体实例，就是星团。正如名字暗示的一样，星团是不同恒星的集合。由数千岁的老年恒星组成的圆锥形星团，它们因为引力互相连接在一起，位于晕圈，即各大星系的圆锥形场域之中。此外还有开放式的星团，它们由几十岁到几千岁的恒星组成，在不久之前，得以在星系的螺旋臂中形成。就这两个群体而言，我们都认为其所有成员都是一起形成的，也就是说其年岁相同，出自相同的物质。对恒星演化研究来说，这当然是一个了不起的特征，因为我们在星团各成员之间观察到的区别，并不能归因于年岁不同，或者是其化学组成不一样，而只能归结为不同的质量。在观察一个星团的时候，其实差不多就相当于在做实验，而我们在此过程中保持一切恒定不变，只是改变了恒星的质量而已。我们甚至可以确定星团的年龄，方法是查看哪些恒星已经燃尽了氢，随之变成了红巨星。恒星的质量越大，上述现象的发生时间也就越早，那些尚未成为红巨星的高质量行星，可以作为时钟使用。我们的太阳,一颗相对较轻的恒星,就将在大约120亿岁的年龄变成红巨星,随之急剧改变其外在形式。通过对星团的观察,我们可以了解,具有特定质量的恒星在特定年龄阶段呈现出什么样子,只是其面貌得用模型仿制出来。接下来就可以基本认为,我们大体上很好地知悉了恒星的形成。

当然,这一方法从根本上说建立在以下假设的基础之上,即星团里面的所有恒星实际上都是共同形成的。在真实的实验室中,我们本可以主动创造条件,比方说按照自己的需求自行造出恒星。而在宇宙中,首先就得批判性地对上述假设进行检验。这一点已经被麦哲伦星云的相关研究证实,它们紧挨着银河系的两大矮星系,在南半球夜空中裸眼可见。在那里我们发现了相关迹象,证明星团成员年岁相同的假说不一定成立:尽管不同质量的恒星照此假说应该是在不同时间点变成了红巨星,但是在南半球夜空,我们发现它们看起来恰好是同时完成了这一转变。此外,在同一星团内部,似乎还存在化学成分稍有不同的恒星。因为之前恒星的形成过程拉得很长,所以导致最后一批恒星直到年岁最老的群体成员形成之后的数十万年,甚至可能是十亿年之后方才形成?或者观察到的年龄区别压根就不属实,而只是因为我们没有正确理解恒星演化过程中的某个维度,所以出现了对观察的错误解释?或者说情况真是这样,即星团里面可能存在不同代际的恒星,也就是说年轻恒星形成于含有“灰烬”,即年老前辈恒星的残骸物质?如果真是最后一种情况的话,那么不光是所有恒星年龄相同的假设充满谬误,而且所有恒星形成于同一物质的猜测也不正确。

如今,麦哲伦星云中星团的最新观测结果已经公之于众,所有结果似乎都证实了最后一个命题的正确性。澳大利亚学者最新完成的任务，就是有针对性地观察星团中非常年轻的恒星，其年龄都不超过一千岁。如果在本身年龄为几十万岁的星团中存在如此年轻的恒星，那么里面肯定同时会有好几代恒星。事实上，这在大麦哲伦星云中看起来也是如此。如果这一结果属实的话，星团就确实不是臆想中研究恒星演化的最佳宇宙实验室。对天体物理学来说，以下情况在某种程度上较为典型：我们从来就不该相信自己的“实验室”果真具备我们期望的特征(谢天谢地，正如这个例子展示的那样，天体物理学家一般也不会这么做)。就像在星团的实例中一样，我们希望在实验室情境里对天体进行特别简单的事先筛选，为了在宇宙实验室里开展研究，我们还有另外一个可供利用的强大工具，那就是在寻找一般规律的过程中对观测数据进行统计学分析。

5. 对可靠结果的艰难寻找

为了在宇宙实验室里顺利进行统计工作，天体物理学家是如何操作的呢？这里的第一步也是定义一个“样本”，一个经过深思熟虑后组建起来的研究对象集合。这大多是在大型的宇宙观测的基础上进行，而这些观测已经让人了解到原则上可供研究所用的天体的概貌。假定我们想要研究恒星的形成，第一步就是观看现存的星表，列出银河系的不同区域存在哪些年轻恒星。大多数情况下，因为上述原因，都会限定在离地球有一定距离的某个区域，比方说仅仅研究距离小于两千光年的天体。下一步就是尝试着列出一些标准，借此把计划研究的恒星从所列恒星的大群体中筛选出来。对于特别年轻的恒星来说，筛选标准是，其光谱必须有一个特定的形式，而其温度仍然相对较低。如果计划为研究进行新的观察，还必须移动光源，以便确实可以用合适的望远镜看到它们：在南部星空，望远镜放在南半球；在北部，望远镜则应置于北半球。在列举挑选标准的时候，当然必须检查一下，看看是否存在尽管不在研究计划之列，但仍然可能符合标准的天体。

如果照此方式最终列出了一连串天体，接下来就该采集尽可能多的有关光源的信息：距离、光源移动的速度、质量、光度、光谱等。此外，还要借助新的观察来采集其他更多信息。现在就可以开始统计，了解所有这些特征如何互相关联。我们所能做的最简单的事，就是看看不同特征是否存在关联，看看如果测量值 B 变大或变小的话，测量值 A 是会变大还是变小。具有更强光度的年轻恒星，其质量也更大吗？为了回答这个问题，我们会为每个被研究的光源收集 A 和 B，并进行对比，其方式是将数值标在横纵坐标系上。如果 A 果真在横轴上随着 B 而增加，就可以预测结果是一条直线。大多时候会产生一个看上去颇为发散的散点图。这一点不足为怪，因为在一般情况下，我们决不会期望直线型的简单关联，而只是想知道，在这个散点图中两个特征之间是否真的存在什么联系。另外，A 当然也会包含错误在内，它除了受到 B 的影响，可能还会被完全不同的、依赖光源的因素影响。比如说，一颗年轻恒星的光度虽然可能会随着质量增加，但同时也会受到周围云层及其吸收性能的影响。如果把非常密集的云层里的恒星与非常稀疏的云层里的恒星进行对比，就可以发现：虽然光度的不同可能是质量不同造成的，但大部分也要归因于各自的环境。

如何发现两个测量值里面是否潜藏着关联呢？如何断定 A 是否(也)取决于 B？简单来说，我们会问，假如在 A 和 B 无关的情况下，纯粹随机地得到测量结果分布的可能性有多大？这样的随机越是不可能，就越是可以认为，A 和 B 之间确实存在关联。偶然得到测量结果的分布可能性大，可以用统计的方法精确计算出来。事实上，我们可以再次从日常生活中了解这类推断：比如说，我在晚会上认识了某人，而我的女友也跟我讲起她新认识的人，结果她新结交的那个人跟我新认识的人有着惊人的相似特征。我一开始会认为这是一场偶然，可能会觉得刚好有两个人具有相同特征，但最晚直到我的女友跟我说她新认识的人跟我的那位一样，也是本城蚂蚁爱好者俱乐部的成员，这时候我就觉得，存在两个这样的人也太不可能了。看上去，我们说的是同一个人。

如果照此方式，在所有光源的天文学样本里研究了不同观测值之间的可能关联，下一步就可以试着找到预测相应关联的数学模型，解释为什么质量更大的天体光度也会更强。在此基础上，我们或许也可以排除做出相反预测的现存模型，或者将模型进行扩展，让它们能复制出在数据中发现的基本模式。但我们必须时刻记住的是，对光源的挑选可能会伪造相关结果。也许我们只是没有看到那些运行方式跟所观测到的天体不同的天体而已。也许所有被观察的天体同样受到某个因素的影响，比方说它们共同的外部环境的特殊化学组成，因此运行起来跟同类天体不一样。要回答这类决定统计学分析结果可靠性的问题，在天体物理学领域尤为复杂。正如上文阐述过的一样，这里的问题涉及数据分析、建模以及诸多经验和直觉的共同作用。如果一切进展顺利，最后我们就会得到有关宇宙现象和天体的典型演化路径的普遍性描述，就好比我们可以用一般方式描述人的一生大概如何进展，即便个人的具体人生道路在不同环境的影响下会不一样，每个人会变成独一无二的个体。

6. 回到婴儿恒星上面

前面我已经报告过自己采用夏洛克·福尔摩斯方法进行的研究，对象是恒星胚胎。该研究是一个大型观测项目的一部分，正如我刚描述过的一样，我们在该项目中已经观测了一个群体，其成员是作为太阳的年轻版本出现的20多颗原恒星。所有原恒星离地球的距离不超过1000光年，都处于同一演化阶段。通过这个研究，我们想要发现的是，从什么时候起原恒星开始被以后可能形成行星的尘埃盘和气体盘包围。同时我们想知道，这些恒星是如何独自或者成群地形成的。最后我们也想了解，这些原恒星周围环境里的化学成分已经有多么复杂。后一问题的重要性在于，它对于评估生命的形成条件是否有利很重要，因为这需要一定程度上的化学复杂性。

当然,我们研究对象的群体不够大,无法进行真正可靠的统计学计算。尽管如此,我们仍然可以在所取得的数据的基础上得出一些一般性结论。由尘埃和气体组成的原行星盘只能在非常稀少的原恒星那里发现。要么这些盘要到后面的演化时间点才出现,要么我们所观测天体周围的盘面尺寸还太小,以至于我们还观测不到。这一结果相当有趣,因为许多模型预测的情况恰恰相反:这些模型认为,年轻恒星已经被大尺寸的尘埃盘和气体盘所环绕。但这一预测基于以下事实,即旧的模型没有正确考虑到年轻原恒星周围的磁场。

我们观测到的大多数恒星胚胎,都是在含有两个或三个成员的天体群里面发现的。这对年轻原恒星的形成有何理论意义,会在下一步由详细的模拟展示出来。有趣的是,我们发现了一些恒星,它们呈现出非常复杂的化学特征,含有对天体物理学来说较为复杂的有机分子,而有着重要生物学意义的糖类也在其列。这一化学特征的多样性引发了什么结果,为什么有些原恒星呈现出复杂的化学特征,而有些又没有,这些问题跟以往一样都还没有找到答案。它取决于原恒星的光度,还是周围云层的化学组成？或者是原恒星的年龄？为了得到清楚的解释,我们就必须观测更多的天体,等待越来越多的实证数据逐渐拼接形成一幅完整的图像。

7. 宇宙为我们做实验

在太空实验室里，从某种意义上说，宇宙会为我们做实验，其方式是为我们提供位于不同演化阶段和环境中的诸多不同现象。这对我们而言非常有利，让天体物理研究变得大为简单。虽然如此，真正的实验运行起来还是有点不同的。其原因在于，要在太空实验室里发现宇宙在各个实验设计中分别具体“做了”什么，是非常困难的。如果观测两个条件差不多的天体，认为两者本质上仅仅通过一个特定因素区别开来（比方说我们观察相似分子云里面两颗相同种类和年龄的行星，并认为其主要区别在于，两颗行星中仅有一颗内部存在强大的磁场），那就永远无法完全确定，是否还有其他重要区别对天体的运行发挥决定性影响。假如可以跟天体互动的话，实验就不复杂了：我们可以在分子云层中开启然后又关闭磁场，看看发生了什么。但因为我们无法做到这一点，就必须正如刚刚描述过的那样，用稍微复杂一点的方式来处理宇宙实验的分析结果。

尽管如此，天体物理学家中间还是有真正的实验物理学者，他们在地球上的实验室中开展天体物理实验。这种情况一定存在，自是不言而喻，因为毕竟天体物理研究的任务就在于，将适用于我们地球的物理学规律运用到宇宙现象上去。从这一点上说,物理过程本身最好是在地球上研究,至少是在实验室里创造出来的条件下进行。不少时候,天文观测的开放式问题只有立足于地球上的实验才能解释清楚:哪些光谱线由特定光子产生?特定化学生物互相起反应的强度如何?尘埃粒子如何形成一团,最后增长成为更大的固体?

正如我报告过的,为了进行自己的研究,比如说我最近就需要以下相关信息:在什么样的温度下一氧化碳冰会变成气态,当冰里混入其他分子的时候,以上温度又会发生什么变化。后来我在会议上跟几位美国同事谈到了温度问题,因为他们在自己的实验室里做过相关实验,可以帮我的忙。

因此,很多天体物理研究所中也存在实验室,可以直接测量模拟者因为了解天文观测而需要的信息。此外,还有一些实验室专门用于开发天文观测设备的测量技术。所以说,大型天体物理研究机构拥有的绝不仅仅是模拟者和观测者。完全真实意义上的实验者,正如哈金那时候就已经特别想成为其中一员的那样,在天体物理学研究所也永远不会缺席。由此天体物理研究就是一项复杂的协调互动,参与进来的有开发观测工具的人,有观测者本身,有模拟者,还有为模拟者提供天体物理模型里面所需信息的实验者。所有人都必须互相交流,因为若想共同解开宇宙之谜的话,大家都得以不同方式互相依靠。

ooo

我父亲的话听起来让人印象深刻:“宇宙实验室？这听上去确实太夸张了……”

“嗯,称为‘宇宙实验室’,只是想说宇宙中存在同一类型的很多现象和天体,它们的外部环境各不相同,看起来就好像在实验室中可以随意改变实验的外部影响一样。从这一多样性中,我们还可以了解到许多东西。”

“给我举个例子吧。”

“比如说吧,在几乎所有的螺旋星系中心,看起来都会存在一个超大质量黑洞。如果我们在这些不同的星系里确定中央黑洞的质量,就会知道超大质量黑洞究竟可能有多重,以及银河系中央黑洞相对是轻还是重。”

“然后呢?”

“在其他星系确实有更轻的黑洞,但也有更重的。不过,假如我们认定不同星系里的所有中央黑洞都有着相同结构的话,也可以排除有关我们银河系中央黑洞性质的特定假设。由此,我们银河系中央黑洞的相关理论也应该适用于其他黑洞。”

“但我们怎么可以认为,所有这些中央黑洞确实都属于同一类型呢?各个星系也可能是完全不同的,或者说至少有着完全不同的历史。”

“对,这确实是个问题。那就必须再进行其他观测,借以收集各个星系的附加信息,以便判断周围环境到底有多么不同。”

“听你这么一说,人类对于宇宙的发现确实越发让我感觉印象深刻。”

“对,那是一定的,但也没那么了无希望。正如我说过的,每一现象在宇宙里都有很多不同变体,这一点就已经可以给我们提供巨大帮助。如果我们试着了解仅仅存在过一次的现象,那当然更加困难,整个宇宙也是如此。”

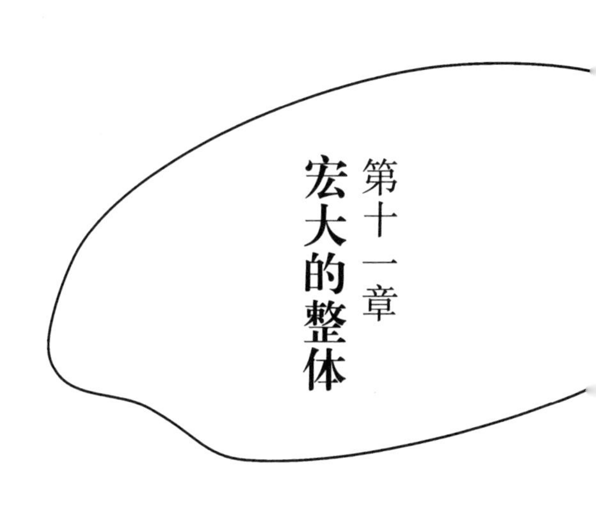

第十一章 宏大的整体

到现在为止，我们一直在相对较小的空间尺度上进行讨论，涉及的是行星、恒星和星系的演化。至于我本人，研究领域也从未越过银河系最近的邻居麦哲伦星云。我研究过的最远天体是三角星云(M33)，一个跟银河系以及仙女星系一起主导当地星系团的螺旋星系。M33 距离地球大约 270 万光年，这对宇宙的尺度来说不算什么。所以说在我自己的研究中，我总是很幸运，因为可以相对清晰地观察我的研究对象并获得丰富的细节。在此“天体物理”可谓名副其实，我们确实需要大量“真实的”物理，以便了解天文观测。我们离地球越远，就越难将不同物理过程主导的不同宇宙区域区分开来。因此，我们可以做出的陈述就变得越来越笼统。此外，焦点也从个体现象转向了涵盖大范围和普遍趋势的陈述。

我们遨游宇宙，离开地球越远，就越会有另外一个主题进入讨论中心：作为整体的宇宙是如何演化的？它是如何形成的？它为什么会看起来是今天的样子？如果地球早就不复存在了，宇宙在未来的某个时候又会是什么样的？这些都是宇宙学涉及的大问题，每个人可能都通过这样或那样的方式遇到过，即使只是在那一瞬间思考："在大爆炸之前发生了什么？如果宇宙不被另一个体积更大的空间包围起来的话，它又会膨胀到哪里去？"

1. 跟无穷打交道

当我们思考宇宙——尤其是严肃认真地思考的时候，很快就会觉得头疼。康德在其1781年初版、1787年再版的《纯粹理性批判》中，就已经描述过这个问题：我们既不能想象一个无限漫长的时间，也不能想象一个无限巨大的空间，更无法想象一个有时间起点的有限宇宙。对无穷的想象超出了人类的思维界限。在日常生活世界里，没有真正无限的东西，我们所了解的只有"很大很大""很小很小"。如果我们试图想象宇宙的存在是无穷的（我们当然知道这并不属实，毕竟有过宇宙大爆炸），几乎就会自动冒出这个问题，即这一无限久远的状况到底是如何出现的。但该问题可能并没有答案,因为宇宙本来就一直存在。当然,这样的解释并不能令人满意。

小时候,我有一盒格林兄弟童话的磁带,里面有一个故事,讲的是一个男孩被问“永恒会持续多久”。他回答,“每隔 100 年有一只鸟飞到山上磨一次喙,等整座山都被磨掉的时候,永恒就过了它的第一秒”。每次想到这个故事,我总会觉得背脊发凉。后来上大学时,另一个念头同样让我觉得不寒而栗,即用 0 来除一个数字,会发生什么:被除的数字越小,结果就越大,当除数是 0 时,一切都会崩溃。在数学中,我们最终会学会跟无穷打交道,但在情感上以及应用到生活中熟悉的事物和情景中的“无穷”依然令人恐惧。

当然,反面情况也不是完全不存在,因为假定宇宙不是无限的话,那它在时间和空间上肯定都会有其边界。但在空间边界之外和宇宙起始之前又存在什么呢?毕竟我们总是可以设想,在宇宙的尽头还可以向前迈一步。在时间上,我们也总是可以往后回溯一些,回到宇宙开始之前。除了关于黑洞的问题,以下都是我作为物理学者最常被非物理学者问到的问题(另外我父亲可算是提问最多的人):如果宇宙膨胀的话,到底要膨胀到哪里去?假如曾经发生过一次大爆炸,那么在此前又发生过什么?我们总会由此想到自行车内胎这个类比,自行车内胎是有限的,但对于在内胎里面生活的蚂蚁来说,内胎没有边界,但仍然是有限的(更有趣的问题可能是,蚂蚁到底是如何爬进自行车内胎里面的),但这一解释也不是特别让人满意,因为自行车内胎也是存在于某个更大物体里面的。蚂蚁很可能会问,在它们生活的内胎世界之外存在什么。

我们可以得出结论,整个宇宙对人类来说也许不是可以体验的对象。我们的感性体验总是与平面几何中数量有限的物体相关,这正是康德在 200 多年前已经发现的。因此康德建议说,人类应该谨防对自身理智的“误用”。这样的“误用”会通过如下方式产生:将日常生活中发挥作用的推断方法套用到脱离我们直接经验的事实情况上来,比方说作为所有存在之物整体的宇宙。在康德看来,对我们建立在感性体验基础之上的想象力来说,宇宙就是不可理解的。因此,康德在宇宙学中扮演的角色,差不多就跟伊恩·哈金在天体物理学中的一样,也就是一个从认识论出发的悲观主义者的角色。相关论点甚至在结构上都有一定的相似性。康德说,我们之所以要提防对作为整体的宇宙下论断,是因为一方面我们可以在逻辑论证的基础上证明宇宙肯定是有限的(因为一个无限的宇宙是无法想象的),另一方面它肯定又是无限的(因为假如宇宙是有限的话,我们无法想象宇宙的界限看起来是什么样的)。至少在形式上,这一论点会让我们想起前面已经讨论过的欠定问题。宇宙到底是有限的还是无限的,这一问题我们无法做出有意义的回答,至少在我们相信康德论点的情况下,是不可能回答的。

幸运的是,今天我们不再单纯依赖我们理性的论辩能力,而是可以把宇宙学视为一门实证科学来研究,认为它立足于将感知体验扩展到宏观宇宙以外的数据。这就引发了一个令人惊异的结果,即今天我们对宇宙居然已经所知甚多。即便我们跟以往一样,还不能真切地“理解”对宇宙的认识并把它形象化,但在认识宇宙这一点上,我们还是可以一如既往地承认康德观点的合理性。

2. 我们的宇宙——暗能量、暴胀期以及其他

很长一段时间,宇宙实际上脱离了实证主义科学的研究范畴。在20世纪初,还发生过一场被称为“大辩论”的漫长讨论,其主题是类似仙女座的“螺旋星云”是位于银河系内还是位于其他河外星系。最后,埃德温·哈勃表态倾向支持后一说法,为这场辩论画上了句号,其方式是确定了这些星云的距离,借此证明它们因为离得太远不可能是银河系的一部分。这一认识奠定了河外星系天体物理学的基础。1929年,哈勃另外还发表了他著名的观测结果即“哈勃定律”,确定远距离星系离得越远,它们离开地球运行的速度也就越快。今天,这一认识被归因为宇宙本身的膨胀,并为我们对宇宙随着时间而演化这一事实的理解提供了重要的实证线索。

也是在20世纪初,爱因斯坦提出了他的广义相对论,这是一个有关引力的理论,它描述了质量如何改变时空结构。质量引起空时弯曲,而这又会影响天体的运行,以至于看起来就好像大质量的天体会吸引其他天体一样。借用这一理论可以描述小型天体系统,比如地球围绕着太阳运行,或者是黑洞的作用。我们也可以把广义相对论用于整个宇宙,探究它的几何形状及其演化过程。为此必须做一个核心假设:我们观测宇宙的视角并无特殊之处。大体上,无论在哪个地方,从什么方向出发,宇宙看起来都是一样的。这当然不适用于小尺度,因为在特定方向上也许可以看见一个星系,而在另一个方向上看不到。但是在大尺度上,如果我们可以看到统计学上星系和星系团的分布,那么上述假设似乎并非完全错误。从这个所谓的宇宙原则出发,我们就可以写下适用于宇宙的爱因斯坦引力场方程。这些方程式描述的是宇宙的几何形状,取决于其中的质量和能量。在运用到宇宙这一领域的时候则被称为弗里德曼方程,该方程根据俄罗斯宇宙学家亚历山大·弗里德曼(Alexander Friedmann)的名字命名,他在1922发表了文章《论空间的曲率》(Über die Krümmung des Raumes)。爱因斯坦本人起初也认为宇宙静止不变,令他大为惊异的是,弗里德曼在方程中首次描述了存在一个会发生变化的动态宇宙的可能性,这个观点如今已经被我们接受了。

从弗里德曼方程可以了解宇宙看起来可能是什么样的,又是如何演化的,而这取决于它包含多少物质和能量。比如说它可能永远是那么大,也可能越来越大,还可能变大后再又缩小。因此,弗里德曼方程的某些解假定了宇宙的起始,另外一些解则暗示宇宙是无限、持续存在的,还有一些解则描绘出一个不停振荡的宇宙,也就是不断更新其存在。另外,方程的不同解还对应不同的几何结构:宇宙可能整体上是平坦的,就好像一张纸;也可能是负曲率的,类似马鞍;或者是正曲率的,就像前面提及多次的蚂蚁的自行车内胎一样。如果说广义相对论正确的话(我们在很大程度上也这么认为),以上所有这些不同的宇宙都有可能存在。我们如今到底生活在哪个宇宙之中,必须通过观测来确定。

哈勃对星系运行速度的观测结果表明,星系离我们越远,其运行速度也就越快,这在历史上是首个重要依据。爱因斯坦自己一开始也是偏向于主张宇宙是静止的,认为它一直就保持原样没变。为此,他甚至在场方程中引入了著名的宇宙学 Lambda 常数,使方程有静态宇宙的解,若不加入此常数,根据方程,宇宙不会保持静态。根据哈勃的观测结果,显然可以把星系的运行归因于空间本身的膨胀:各个星系运动着离开地球,也离开其他星系,是因为空间本身膨胀了,就像被吹胀了的气球的表面一样。在哈勃公布观测结果之后,爱因斯坦本人也放弃了其宇宙常数。不过,进一步的观测对哈勃定律有了更精确的测量,也就是说更精准地确定了时空膨胀速度。现在我们知道,宇宙不光是膨胀了,而且膨胀速度还在加快。为了理解这一点,人类需要一种能把宇宙扩散开来的力量,我们把它称作"暗能量"。至于这一力量背后到底藏着什么,迄今还是个不解之谜。

宇宙里面还有另外一种不为人知的物质,今天我们认为是暗物质。它指的是无法发生电磁相互作用,只能发生万有引力相互作用的物质。宇宙中肯定存在比我们所见更多的物质,这一点只要我们稍微仔细地观测一下地球的大型邻近星系就可以清楚得知。从恒星、气体和尘埃的运行中我们可以计算得出,银河系中究竟有多少质量,因为它们的运行是通过这一质量的引力场确定的。如果我们现在把从运行中推导出来的质量跟可见物质的质量进行对比，就能确定可见物质是远远不够的。肯定还会存在更多物质，迫使恒星在其轨道上运行。这一看不见的物质似乎就是暗物质，它在宇宙里占了很大部分，原则上肯定跟我们从地球上了解到的物质有所不同。几十年来，我们一直在集中精力揭秘，想弄清楚暗物质的成分。但是在物理学标准模型中，找不到任何可能构成暗物质的粒子。粒子物理学的备选理论虽然包含暗物质粒子的可能成分，但迄今无法在大型粒子加速器中找到可以证明以上备选理论成立的迹象。

肯定会有暗物质存在，这一定论建立在广义相对论正确性的基础之上。事实上，这一有着极高准确性的理论已经通过了迄今为止所有的检验。如果我们考虑到，可能还存在另外一个描述万有引力的理论，那么也可以规避暗物质的问题，比方说“修正牛顿动力学(MOND)”，这个理论在极小加速度下修改了牛顿引力理论，但它是否能真的作为一个有吸引力的备选理论，这一问题在天文学家圈子内争论不休。

可能对宇宙了解最多的观测是记录宇宙背景辐射。此前，我们早就已经接触过这一射线，之前本书讨论过阿诺·彭齐亚斯和罗伯特·伍德罗·威尔逊对该射线的发现，一开始他们还认为它是烦心的干扰噪声。事实上，这一温度为 2.7K，即零下 270℃的射线，是在大爆炸发生 38 万年后产生的。在这个时间点之前，宇宙的温度还很高，以至于现存的电子和质子运行速度过快，而无法聚合成中性的氢原子。因此光子会在自由的带电荷粒子周围发散开来，无法自由移动，造成宇宙是不透明的。直到宇宙因为不断膨胀而冷却下来，让电子和质子能结合成中性氢原子,这时候光子也能再度不受阻碍地扩散开来。自大爆炸发生38万年之后,这束光线已经启程,而且正如宇宙本身一样,因为空间的扩展而变得越来越冷。

宇宙背景辐射的特殊之处在于,该射线里面还包含着宇宙早期的特征标志。正因如此,它也被称为宇宙的婴儿照片。我们可以从宇宙背景辐射中准确读取当时可见宇宙部分的温度分布。自那时以来保存下来的微小温度波动展示了宇宙的"胚胎",正是这些胚胎最终演化成了我们今天所熟知的宇宙,包括所有的星系、星系团和大尺度结构。从温度波动的分布之中,我们同时也可以了解诸多有关宇宙本身的知识,非常精准地确定弗里德曼方程解法的自由参数,用以回答下列问题:在爱因斯坦场方程所列的多个可能宇宙中,我们实际上生活在哪一个里面?20世纪90年代初,美国国家航空航天局借助宇宙背景辐射探测卫星,对整个太空上方的宇宙背景射线进行了首次颇有价值的全面测量。对它的最近一次而又最为准确的测量由欧洲航天局开展,该组织借助普朗克卫星,在2009年到2013年对太空进行了一场全方位扫描。

把宇宙模型与对温度波动的精准观测(也称作各向异性)进行比较,促使过去几十年形成了宇宙学标准模型。该模型极其准确地解释了宇宙背景辐射的本质,被称为"Lambda冷暗物质模型"。这一名称已经暗示,该模型的主要组成部分就是暗能量和冷暗物质。在这个标准模型中,我们从实验室里了解到的由基本粒子组成的、已知的"重子"物质,仅占宇宙所含物质和能量的不到5%。相反,暗物质占了接近26%的比例,更为常见。不过,占比最大的(69%)还是暗能量。宇宙的年龄也在模型中确定下来,根据普朗克卫星探测器的测量结果,其年龄为 138 亿年。

通过这一方式确定下来的，还有哈勃常数的数值，即某个特定距离之外的天体因为宇宙膨胀而偏离地球运行的速度。与这一参数相关的，还有一个颇有意思的问题：如果是从宇宙背景辐射推导而出的话，所得到的数值就是 68 千米/百万秒，而每百万秒差距相当于略大于 300 万光年的距离。当然，我们也可以稍微“更直接地”测量宇宙的膨胀速度，采取原则上跟哈勃本人 100 年前一样的方式，即测量出与不同天体之间的距离，然后确定它们的速度。这一方法并不那么容易，因为要在宇宙中测量出距离数值非常麻烦。尽管如此，天体物理学家还是采用了精妙的方法应对这项挑战。令人惊奇的是，他们得出的结果并不是从普朗克卫星观测宇宙背景辐射结果里推导出来的哈勃常数，而是一个明显较大的值，即 73 千米/百万秒，这与普朗克测量值不一致。

最近甚至还采用了第三种独立方法，利用引力透镜效应（当远处的物体释放出光线，然后被位于其前方的质量较大的物体放大和偏转时，光线需要不同的时间才能绕过该物体；只要背景物体的光以随时间而改变的强度发射，就可以测量这些传播时间差异，并从中直接确定哈勃常数。伊恩·哈金也许可以为他百般贬损过的引力透镜效应的实际效能感到自豪）。令人震惊的是，在这种方式下推导出来的哈勃常数数值也是 72 千米/百万秒，跟直接测量得出的完全一样，而跟基于宇宙背景辐射进行的计算并不吻合。这一差距是否表明宇宙模型有些地方不对？或者是忽略了某个地方的测量错误？在以后几年乃至几十年中，这方面预计还会出现一些让人吃惊的发现。

考虑到完整性，还需提及的是，宇宙模型包含一个略显奇特的特点：在大爆炸不久以后，大约从 10^{-34} 秒开始，宇宙经历了一个非常短暂的指数级膨胀阶段，然后过渡到了由弗里德曼方程描述的膨胀阶段。这一膨胀阶段由阿兰·H. 古斯于 1981 年提出，因为它可以解决宇宙模型的一些问题，尽管我们并不完全理解这一膨胀到底是如何发生的。比如说，它可以解释，为什么宇宙在所有地方、从所有方向看上去都具有惊人的相似性（我们可以回想一下，这一宇宙原则就是弗里德曼方程的基础）。毕竟，宇宙也有可能像地貌一样，在不同地区呈现出完全不同的样子。有关这一点，我们却没有实证方面的支撑。特别是宇宙背景辐射，它覆盖了整个天球，为证明我们所能进入的宇宙有着统一面貌提供了强有力的证明。另外我们还可以观测到像巨网一样密布在整个宇宙之中的、大空间范围的星系团和超星系团的星系分布，从一定尺度上看，也给人一种各向同性的印象。

各向同性则意味着调和：所有我们可见的宇宙区域在早期必然有某种联系，以至于其特征可以趋于一致。如果我们不认定存在宇宙暴胀这一情况的话，那么这些区域之间就相距太远，不能进行交换，因为光速限制了最大的通信速度。由此，可观测宇宙的各向同性就成了一个谜团。暴胀理论提供了一个简单的解释：我们所看到的宇宙最初是通过指数级的膨胀，从一个比没有膨胀的宇宙模型所预测的要小得多的区域演化而来的。这一区域非常小，小到能让物理特征之间协调一致。

支持暴胀理论的另一证据，则是我们所观察到的宇宙是平坦的这一事实，正如我们前面讨论过的，这说明宇宙要么有着平面的几何形状,有着像自行车内胎那样的正曲率,或者有着像马鞍那样的负曲率。宇宙是平坦的,也就是说不会在大尺度结构上出现时空弯曲,这种情况的可能性在三者中是最小的,因为这需要宇宙参数的准确协调,比如物质密度。然而,对宇宙背景辐射的测量显示,我们的宇宙中似乎实现了这种情况。物理学家不喜欢不太可能的巧合,因此他们高兴看到宇宙的平坦也可以通过暴胀理论来解释:暴胀期让宇宙巨幅膨胀,以至于弯曲在某种程度上好像重又恢复平坦一样。为了形象化地说明问题,我们也可以利用热气球的类比。如果只是观察被轻微吹胀的气球的表面的一小块区域,其曲率还是很明显的。气球被吹得越是鼓胀,这个区域就越会变得平坦。出于理论上的考虑,认为宇宙演化过程中存在暴胀期,这完全是有意义的。借助宇宙背景辐射看起来完全契合暴胀模型的属性,也可以间接确认暴胀期。但是跟以往一样,对此尚未出现相关的直接证明,并且也还没办法做出理论上的最终解释。

总之,今天我们用所谓的“Lambda 冷暗物质模型”来描述宇宙,而根据这一模型,我们真正了解的宇宙只有 5%不到,剩下的部分都由暗能量和暗物质组成。在大爆炸发生后不久就出现了一个暴胀期。这一模型以令人难以置信的高精准度解释了很多宇宙数据。然而,并非所有数据都能被解释。再加上运用这一模型无法了解 95%的宇宙,这足以让很多天文学家相信,在今后的几年乃至几十年里,他们的领域可能会发生一些革命性的变化。这些问题是否真的与获取有关宇宙整体数据的困难有关?在宇宙学中,欠定性问题有多严重?

3. 还处于测试阶段——宇宙原则和标准模式

2014年,美国哲学家克里斯·斯明克(Chris Smeenk)在一篇文章中探究过宇宙原则和标准模式。首先他提出了一个问题,即在观测的基础上确定哪一个理论模型描述了宇宙,这在理论上是否可能。在此基础上,他仅假设爱因斯坦的广义相对论有效,而我们只需要从所有与相对论一致的可能性模型中挑选出正确的那一个。斯明克的回答是否定的,这使我们再度直面欠定性的老问题:倘若斯明克是对的,那么可能有多个理论来描述宇宙,并且这些理论与我们目前掌握的实证数据是一致的。

斯明克这一论断的出发点在于光速的有限性,这导致我们只能接收来自宇宙有限区域的信号,即过去光锥。在宇宙中,我们将永远无法获得有关离我们更远的地方的信息,因为自宇宙大爆炸以来光只能传播到有限的距离。原则上,如果对宇宙中的有限区域的了解足以对整个宇宙做出判断,这就不是问题。然而,根据斯明克的说法,这是不可能的。因为广义相对论对于宇宙的整体形状提供了相对较少的限制。仅仅基于自身的过去光锥,我们永远无法拥有足够的信息来做出关于宇宙整体结构的决策,这也涉及那些我们自己无法从经验上获得的领域。我们只凭借自己的过去光锥所拥有的信息,将永远无法获取足够的信息来做出关于宇宙整体结构的决策,这也包括那些我们即便借助实证方法也无法进入的区域。2009 年,哲学家约翰·曼查克(John Manchak)甚至还给这一说法提供了一个证据。

唯一摆脱这一困境的方法是对那些无法观测到的领域进行一些假设,这一点我们之前已经讨论过了。它就是宇宙学原则,声称在大尺度结构上,宇宙在任何地方、从任何方向看都是一样的。我们已经注意到,这一假设至少在我们可以观测到的范围内似乎是合理的:我们所看到的宇宙外观仿佛真的有惊人的同一性。暴胀期甚至为此提供了可以依靠的理论解释,从这个意义上说,在可以进入的宇宙范围之内,建立在宇宙学原则基础之上的宇宙学并非完全不适用。对于距离更远、完全无法观测的宇宙区域,斯明克则建议采取不可知论的立场:我们无法知道那里的宇宙看起来是什么样子的。这实际上也没有什么糟糕的,因为只要了解我们所能观测到的宇宙,就已足够。

相比之下,另外一个跟欠定性相关的问题更让天文学家担心。根据宇宙标准模型,我们只能了解宇宙能量和物质内不到5%的部分,这简直令人沮丧。此外,剩余的 95%则会唤起我们对一些历史时期的糟糕记忆:在那些岁月里,失败的理论通过以下方式“粘合”起来,即假定存在一种虽然可以解决问题,但除此以外我们对它所知甚少的现象。就醚来说吧,我们用它在真空中传递电磁波;至于化学物质燃素,我们把它发明出来,则是为了解释燃烧过程。相比之下,我们如何评价暗物质和暗能量,即是乐观地等待科学家很快发现藏在这些现象背后的东西,还是认为,很快就会证明两者实际上是完全不存在的辅助结构,这在某种程度上取决于个人喜好。

事实上，很多独立的实验结果都证明以上两种情况是存在的。如前所述，暗物质似乎是理解星系中恒星运动的必要因素，而且在解释星系的形成和演化过程中，暗物质也是一个关键组成部分。暗能量是在弗里德曼模型的框架内理解宇宙的加快膨胀所必需的。但只要我们不再过分执拗于爱因斯坦的相对论，就会存在其他即便没有暗物质和暗能量也行得通的备选理论。它们在小尺度上更能发挥作用，比方说涉及在大星系的周围环境中理解小型卫星星系的情况。不过，这些理论在数学上不具备爱因斯坦理论的“美感”，相对来说也没那么简洁，另外在更大尺度上也不能发挥很好的作用。因此，像以往一样，今天大多数天文学家相信宇宙标准模型原则上是正确的。然而，在粒子物理学范围内，如果很长时间都没有出现暗物质的粒子候选者的迹象，天文学家的耐心可能某个时候也会耗尽。目前，学界为最好的宇宙模型争得不可开交，带入争论中的强烈感情色彩显示，经验事实其实并非完全清楚。宇宙标准模型看起来并不完美，但大多数宇宙学家也不相信现存的备选模型。这是科学界当下最扣人心弦的辩论之一，其根源在于现存的欠定问题。

4. 开端——寻找世界公式

同样具有争议的是,我们如何准确理解宇宙的起源。宇宙曾经发生过一次大爆炸,不存在什么异议。宇宙肯定会有一个起始点,这一点从夜空是暗黑而非光亮的这一事实中已经可以推断而出。在一个已经无限长久地存在、无限膨胀的静止宇宙中,恒星或星系的光可以从每个方向抵达地球,这一点早在1823年就由德国医生兼天文学家海因里希·威尔海姆·奥伯斯(Heinrich Wilhelm Olbers)断定。在夜间,地平线会被照亮。我们观测到的宇宙膨胀也暗示了以下事实:我们越是往前追溯,宇宙也就越小。整个宇宙在大爆炸时聚集到一点,这在宇宙模型范围内就是一个数学奇点,一个在数学上无法定义的状态。因此,一开始我们把这一奇点视为理论上的产物,认为它通过简化假定模型而产生,并不具备实际意义。20世纪60年代却有人证明,奇点可以在不依赖模型的情况下,从非常普遍的原则中推导出来。在这个奇点发生的过程中,我们今天所知的空时压根就还没出现。正因如此,对"此前"的追问没有什么意义,在大爆炸之前时间根本就不存在。

紧接着大爆炸之后,宇宙变得非常热,也非常稠密。适用于宇宙初始时刻的物理规律,我们尚且还不知道。我们假定,在大爆炸的时刻,所有能量还聚集在唯一一种能量里面，而为了描述这一能量，需要一个“万物理论”，一个有关量子引力的世界公式。在 10^{-34} 秒后，我们才能再度了解情况，可以运用我们今天熟知的理论。但为什么宇宙就呈现出它现在的面貌呢？难道它就不可能是另外一个完全不同的样子吗？

之所以会出现上述问题，主要是因为宇宙看起来相对不同寻常。此前我们已经听说过两个令人吃惊的观测结果：可观测的宇宙似乎是平坦的，并且在宇宙背景辐射中显示出本不应该存在的结构上的各向同性，因为在这些结构形成之时，不同区域之间并不可能相互沟通。如果我们假定暴胀期不存在的话，宇宙呈现出的平面几何形状就需要其内部所含物质之间的精准协调；相比之下，宇宙发生弯折的可能性就要高得多。正如前面描述过的一样，暴胀理论目前被广泛接受。如果我们假定存在暴胀期的话，宇宙就不会有太大的特殊之处，而宇宙为什么是它今天这个样子的问题也不会那么棘手。宇宙在起始时也可能是完全不同的面貌，但暴胀期使它成为我们今天所见的模样。通过暴胀期一说，我们引入了宇宙模型中另一个迄今仍未真正理解的组成部分。另一种选择是，寻找其他导致我们的宇宙产生具有特定初始条件的过程。不过，这类“新物理的假设”至少也与对暴胀期的假设一样，具有高度推测性。因此，对于那些喜好实际证据的人而言，这并没有带来太多收获。

5. 人类学原则

宇宙的独特性还远不止于此。如果很多物理常数的数值只是稍有不同的话，根据模拟的结果显示，宇宙中几乎不可能存在生命。比如说，假如不存在碳原子的某个特定的被激发状态，即其能量恰好相当于三个氦4原子能量的霍伊尔状态，那么宇宙中碳的形成就是不可能的。如果恒星内部有三个氦4原子汇聚起来，就可能相应产生碳原子的霍伊尔状态。这一被激发的状态并不稳定，但某个部分不会立即再次衰变，而是过渡到碳原子稳定的基本状态。假如不存在这一过程，就不会出现构成复杂化学成分的重元素，相应地也就没有生命。直到2011年，这一过程的细节才开始为人所知。我们人类的存在可以说是命悬一线：如果碳的相应能级略有不同，那么我们就不可能存在为碳基的生命形式。这样的巧合可能吗？

有些物理学家和哲学家会否定这个问题，并提醒我们注意人类学原则。这一原则的简化版是说，人类的存在这一事实就已经回答了这一问题，即为什么宇宙必须如此才能保证我们得以存在。从人类存在的事实当中，总是可以推导出可能性。假如我在面前的西红柿汤里找到了一颗小熊软糖，那么这自然就意味着，肯定是有一颗小熊软糖掉入了我的西红柿汤里。假使我在宇宙里找到了一个人,那自然就意味着,宇宙必定呈现出能让人的存在变成可能的面貌。在这种形式下,人类学原则就是不言而喻的,是对再显然不过的事实的确定。

因此,有些物理学家对这种形式的人类学原则不太满意,因为严格来讲,它并没有解释清楚为什么宇宙恰好就是它现在的模样。在此,弦理论提供了更巧妙的解释。出于理论原因,弦理论必须假设我们生活在一个包括很多宇宙在内的平行世界里面。虽然这些宇宙呈现出不同特征,有着不同的物理常数,但是有些宇宙含有暗物质,有些宇宙则不包含。因此,为什么宇宙呈现出它现在的样子,可以借用选择效应来解释:确实存在很多宇宙,但我们人类只能存在于这个适合人类生活的宇宙里面。

在这一点上,我们已经涉及了相当程度的推测,这需要非常良好的意愿和不太以经验为导向的科学概念。原因是我们无法简单验证以上这些命题,尤其是并不清楚如何从波谱原理出发来证实多元宇宙及其他的存在。我们如何发现自己不是生活在一个多元宇宙里面?从结构上说,我们距离宗教并不远,而后者总是喜欢断定人类也无法证明上帝是不存在的。实际上,对于宇宙的特性这一问题来说,当然还存在一个宗教上的解决方案:也许是上帝创造了宇宙,让我们人类这些聪慧的居住者得以产生。不过,现在这些推测已被完全证实不属于科学范畴。它们再次证明,在自然科学中,理论与观测以及实验之间的互相作用有多么重要。一旦实证数据不足,理论欠定性问题就会浮现。某个时候,我们将无法再根据实证证据来决定该如何解释数据,我们所能做的只是相信那些数据,或者不信。

此处可以窥见，伊恩·哈金提出戏剧性的“不确定的鸿沟”是有道理的，它在某个时候就会呈现在我们面前。但这种情况在天体物理学领域内不是常态，另外欠定问题不仅限定在天体物理领域，而是在所有学科中都会出现。有关哈金，我们就说到这里。撇开哈金不论的话，我还是像以往一样认为，天体物理学是门特殊的学科。它提出特殊的方法，让我们可以去探寻并了解宇宙无法想象的浩瀚。由此，它一如既往地让我们感受到其特殊魅力。要让社会学家、历史学家和哲学家信服天体物理的特殊性，以上所述足够了吗？也许我还应该再尝试一次说服他们，但是否能够成功我并不确定。在我进行了哲学上的寻踪觅迹之后，天体物理给我的感觉至少比那会儿在乌克马克猜测的还要独特。而这一点也是个值得记录的重要发现。

ooo

提起宇宙学，我父亲可能会兴奋不已地说：“是啊，今天人类对宇宙的演化已经知道得很多了，这一点我无论如何都觉得难以置信。但尽管这样，我还是没法想象宇宙的演化啊。比如我们经常听说，宇宙在不断膨胀。但它究竟膨胀到哪里去呢？在宇宙之外，其实不可能存在任何东西。”

“宇宙才不是膨胀到什么空间里面去，它就是自身发生膨胀，而所有的距离都会越来越大。是的，必须承认，我也觉得这一点难以想象。”

“听你这么说，那我就放心了。这会儿我觉得自己的思维局限性没那么糟糕了。”

“我刚进大学那会儿，弟弟希望我能找到一个世界公式，为他赢得诺贝尔奖。我确实很高兴，能在激波和恒星形成的研究上取得一些相对还算实打实的成绩。”

“用那个世界公式去描述宇宙整体吗？”

“不是，如果我们想要了解大爆炸之后不久还很热很稠密的宇宙，就需要那个世界公式。我们推测，那个时候所有的四种基本能量还是融合在一个之中呢。”

“什么叫在大爆炸之后不久呢？”

“在宇宙大爆炸之后的不到一秒钟的极短时间内，宇宙就膨胀得足够远，因此也冷却到了足够的程度，其物理特征也呈现出我们今天所了解到的样子。”

“这个对我们来说不是无所谓的吗？”

“这里涉及的不光是大爆炸。举例来说吧,世界公式所描述的影响,在黑洞里面也会发生作用。在任何地方,只要引力够强,能与显微镜下可见的能量相提并论,世界公式就都是适用的。接下来我们就需要类似量子引力的理论,将相对论跟量子论结合在一起。”

“会不会什么时候又有类似神灵的重要力量出现呢?”

“我们宁愿用物理学知识来解释它,而不是从神学上。”

“你该读读孔汉斯[①]的书。”

“我本人根本不研究量子引力,而神学也不是我感兴趣的。啊呀,我看看现在几点钟了,这会儿我们真是聊得太畅快了。我压根儿不知道,上次我们煲这么久的电话粥是在什么时候。”

“哦,你说得对。这会儿我还要再骑自行车兜一圈。但跟你聊的内容很有趣,你研究的内容也很吸引人。”

“嗯嗯,我也觉得。你觉得这些内容有意思,这让我很高兴。也祝你骑车兜风开心。”

“谢谢。如果我又想起什么,再给你打电话。”

---

① 孔汉斯(1928—2021)是瑞士天主教神学家,全球伦理基金会创建者,1993 年芝加哥世界宗教会议《走向全球伦理宣言》起草人,代表著作有《基督教和世界宗教》《中国宗教与基督教》和《当基督徒》等。——编者注

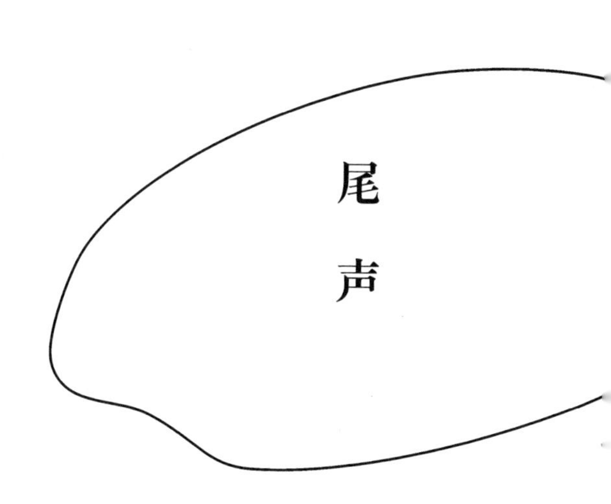

尾声

大概是一年之后，我接到父母的电话，他们说："嘿，女儿，你有点高估我们了！"

"爸妈，我做什么啦？"

我父亲在电话里叹息道："哎哟，你可真把老爸老妈弄得精疲力竭。今天我们花一整天的时间读了你写的书，现在我们的大脑嗡嗡作响。"

"额，这听上去不太妙啊。"

“还行还行。但现在我们感觉好像是自己学过了物理。”

“原则上说这并不坏啊。”

我父亲沉思着说:“是的,但书中某些部分我们真的必须完全集中注意力来阅读。”

我母亲反驳:“我可是全部看懂了!”

我父亲觉得有点受了侮辱,也说:“我也全都看懂了!”

“嗯嗯,这总比你们什么都没懂要好些嘛。现在你们毕竟有所了解,知道我的时间都用来干什么了。”

我母亲表示同意,她说:“对啊,就是这样。你今天有没有出去放松一下啊?你知道的啊,在屏幕前面久坐的话,对你的眼睛也不好。”